普通高等教育"十三五"规划教材

工程图学基础习题集

主编 刘志峰 李富平
参编 王建华

机械工业出版社

本习题集贯彻机械制图和技术制图现行的国家标准,主要内容有:制图的基本知识,点、直线、平面的投影,投影变换,立体的投影,组合体的视图,轴测图,机件的表达方法,标准件与常用件简介以及零件图与装配图简介。

本习题集与刘志峰和李富平主编、机械工业出版社出版的《工程图学基础》教材配套使用。

由于各专业的学时设置不同,故本习题集在编写时,对于习题的数量也留有余地。在保证教学基本要求的前提下,授课教师可按实际情况选用。

图书在版编目(CIP)数据

工程图学基础习题集/刘志峰,李富平主编. —北京:机械工业出版社,2019.8(2025.9重印)
普通高等教育"十三五"规划教材
ISBN 978-7-111-62624-4

Ⅰ.①工… Ⅱ.①刘… ②李… Ⅲ.①工程制图-高等学校-习题集 Ⅳ.①TB23-44

中国版本图书馆 CIP 数据核字(2019)第 116513 号

机械工业出版社(北京市百万庄大街22号 邮政编码100037)
策划编辑:舒 恬 责任编辑:舒 恬 王勇哲
责任校对:肖 琳 封面设计:张 静
责任印制:李 昂
天津市光明印务有限公司印刷
2025年9月第1版第8次印刷
370mm×260mm·12印张·293千字
标准书号:ISBN 978-7-111-62624-4
定价:36.80元

电话服务　　　　　　　网络服务
客服电话:010-88361066　机 工 官 网:www.cmpbook.com
　　　　　010-88379833　机 工 官 博:weibo.com/cmp1952
　　　　　010-68326294　金 书 网:www.golden-book.com
封底无防伪标均为盗版　机工教育服务网:www.cmpedu.com

前　言

本习题集与刘志峰和李富平主编、机械工业出版社出版的《工程图学基础》教材（以下简称教材）配套使用。

本习题集贯彻现行机械制图和技术制图国家标准，为便于教学，习题集的编排顺序与教材体系保持一致。教材中第10章 AutoCAD 绘图的习题在本习题集中不再单独设立，可在其他章节中的习题中任选。

本习题集习题类型有作图题、选择题等。本习题集重点在投影理论知识和制图基础，在这些章节中均设有不同难度的题目，且习题数量留有余地。本习题集旨在使学生通过练习巩固所学的知识，同时提高分析问题和解决问题的能力。

本习题集由刘志峰、李富平主编，王建华参编。在编写过程中得到韩子亮、张爱平、李杨、皇甫平、张彩霞、郭铁能和高相胜等老师的热情协助和大力支持，在此表示感谢。

由于编者水平有限，选编的习题难免存在疏漏或错误，欢迎广大读者及行业专家批评指正。

编　者

目　录

前　言

第 1 章　制图的基本知识 ……………………………………………………………… 1

第 2 章　点、直线、平面的投影 ………………………………………………………… 6

第 3 章　投影变换 ……………………………………………………………………… 21

第 4 章　立体的投影 …………………………………………………………………… 26

第 5 章　组合体的视图 ………………………………………………………………… 46

第 6 章　轴测图 ………………………………………………………………………… 66

第 7 章　机件的表达方法 ……………………………………………………………… 68

第 8 章　标准件与常用件简介 ………………………………………………………… 81

第 9 章　零件图与装配图简介 ………………………………………………………… 86

参考文献 ………………………………………………………………………………… 92

第 1 章　制图的基本知识

| 1-1　字体练习 | | 学号 | 姓名 | 1 |

北京工业大学制图比例技术要求倒角材料内外环剖视标准院系班级

未注圆角泵体发动机阀盖活塞螺钉数量密封审核旋转装配其余阶梯

铸造缺陷模数弹簧垫圈螺母螺栓齿轮轴零件名称壳体架姓名校核角

— 1 —

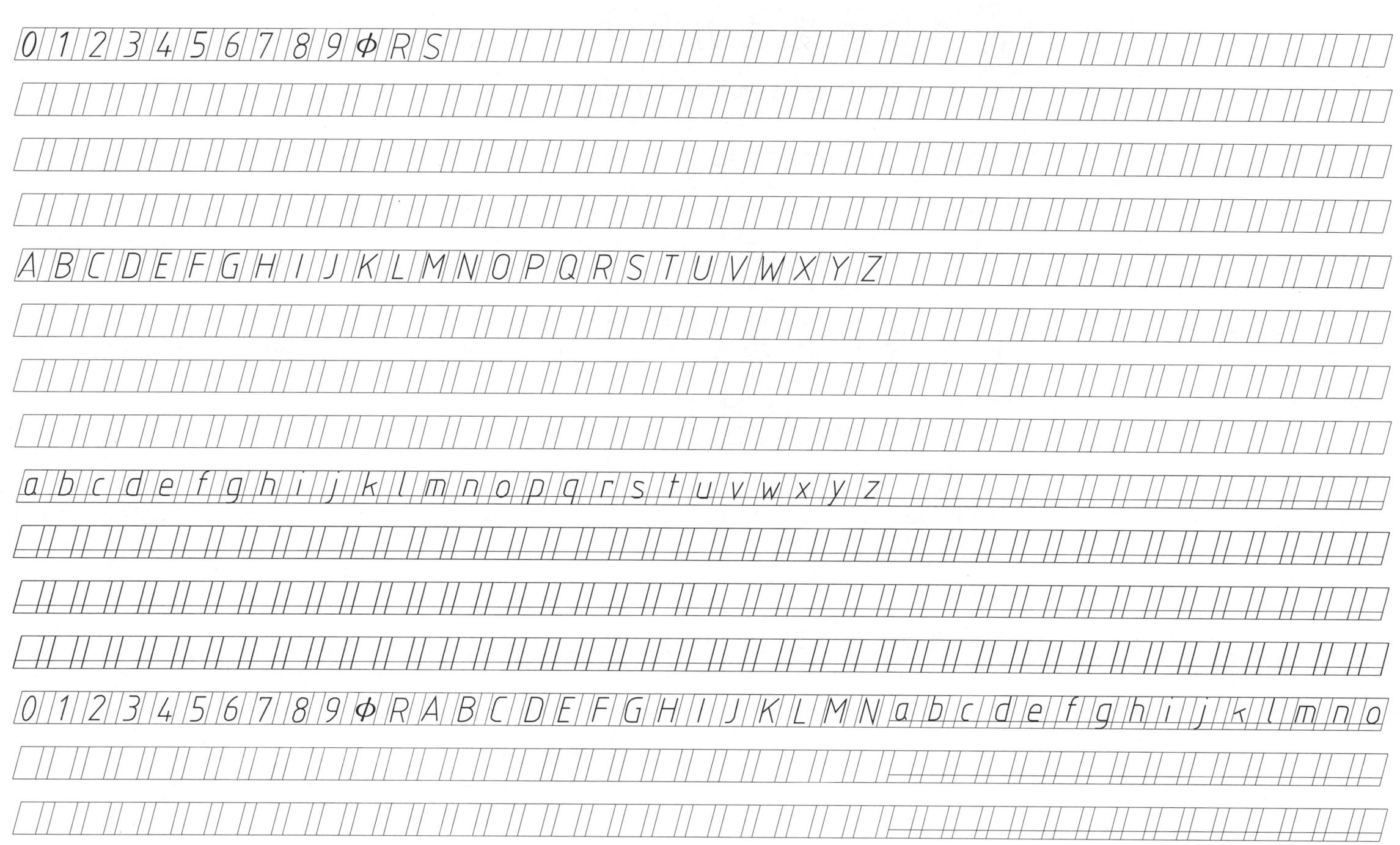

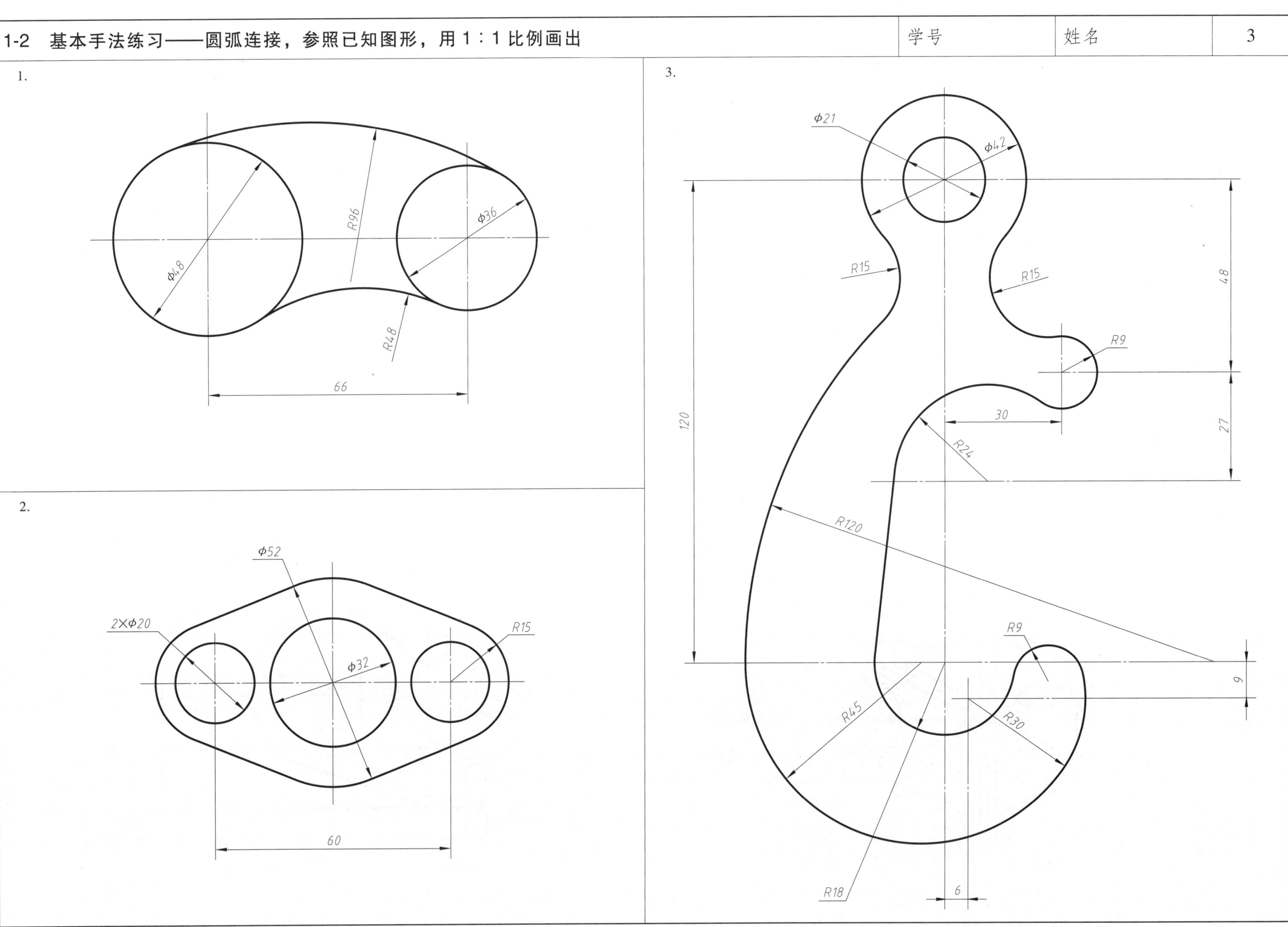

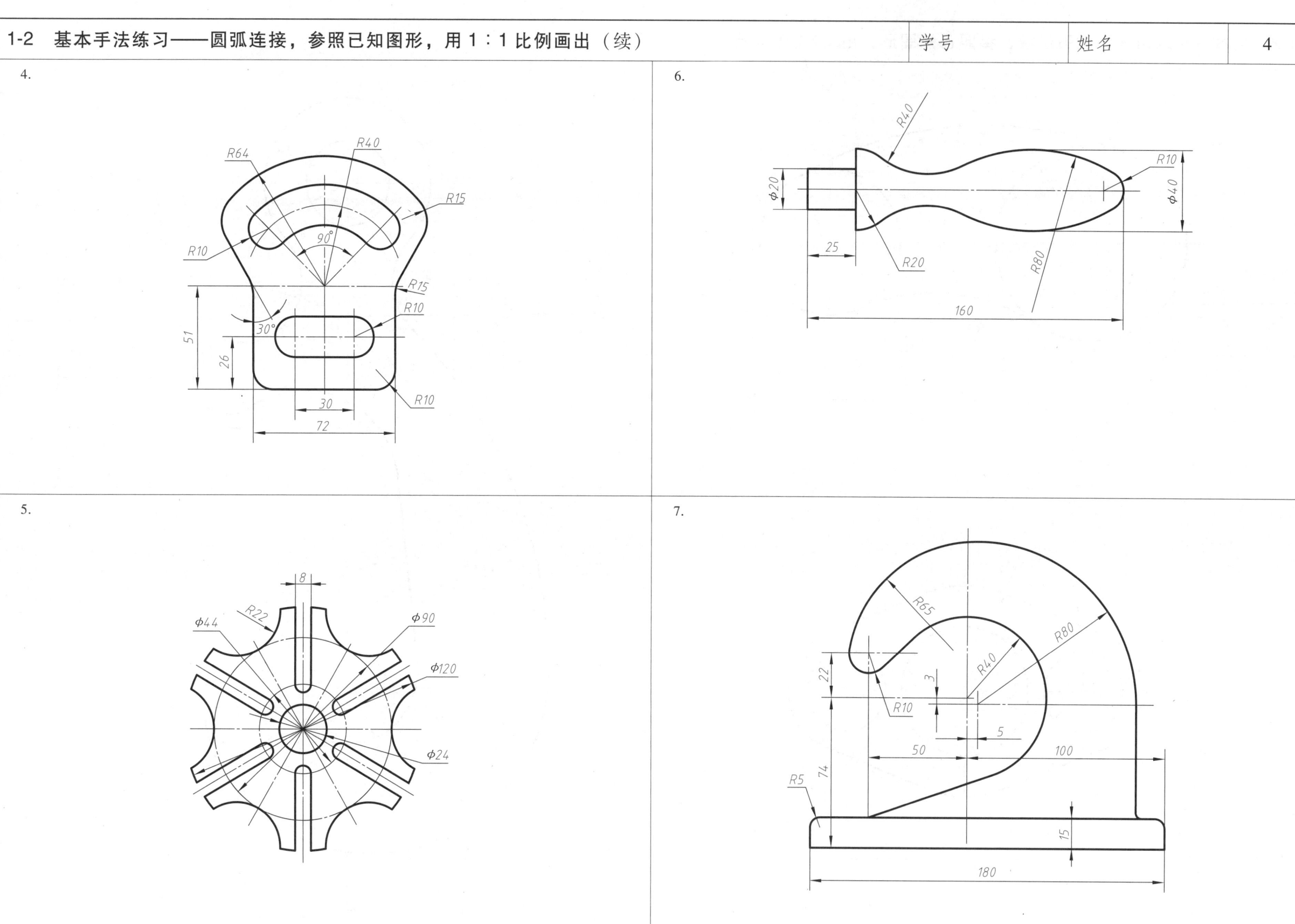

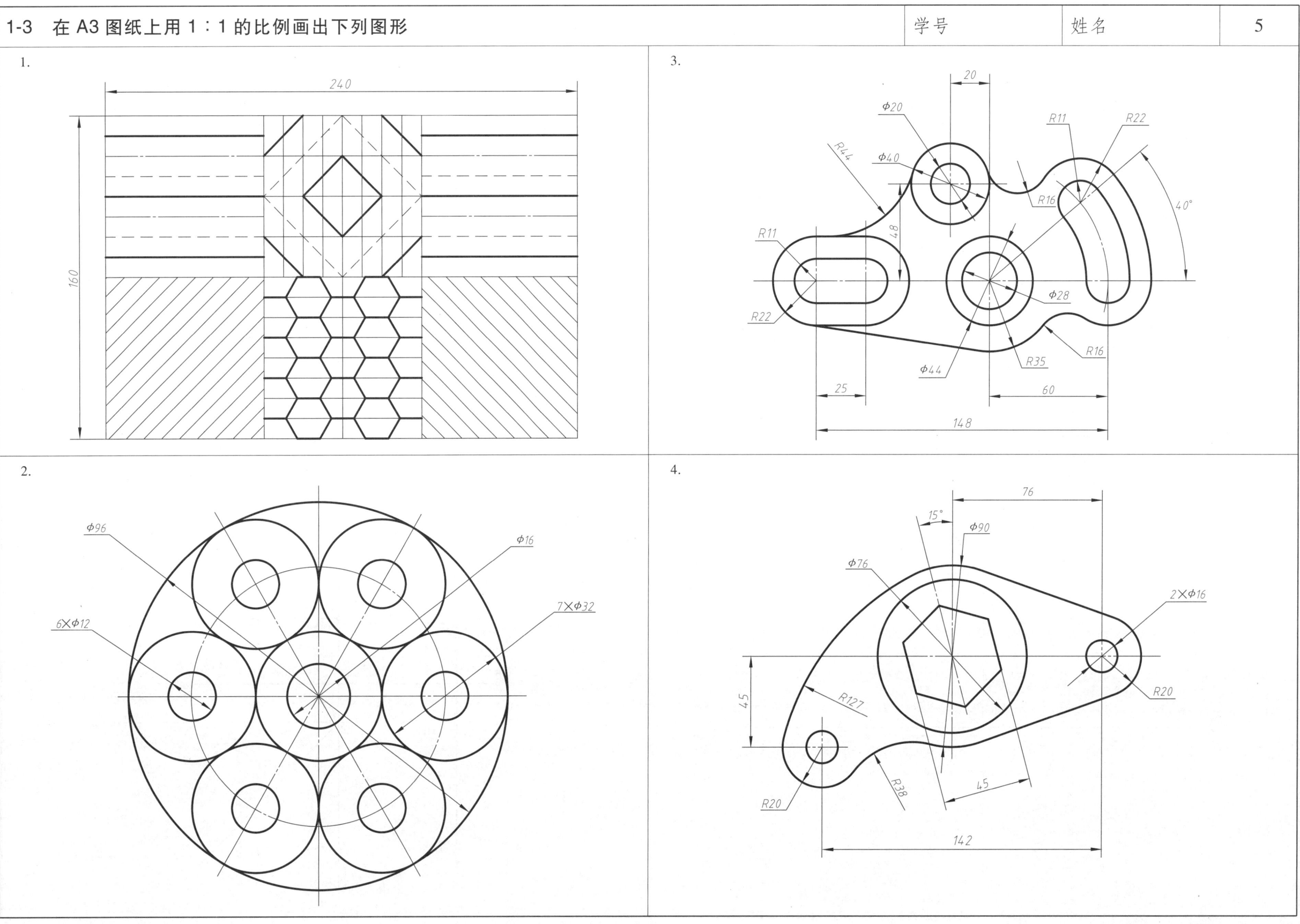

第 2 章 点、直线、平面的投影

2-1 点的投影

1. 根据各点的空间位置，求作各点的三面投影，各点到投影面的距离按 1∶1 的比例直接从图中量取（单位：mm）。

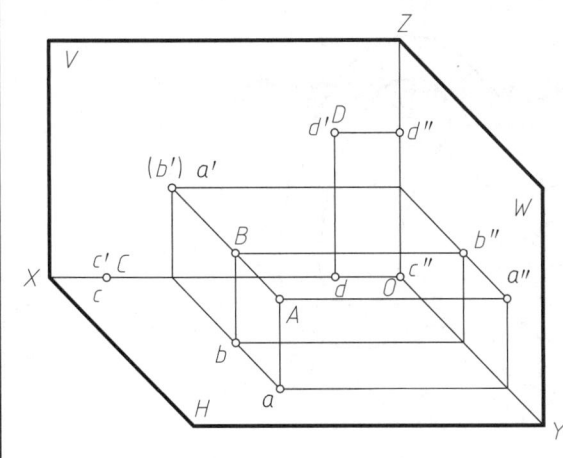

点距离	H	V	W
A			
B			
C			
D			

2. 已知点 A 距 V 面 20mm，距 H 面 30mm；点 B 在 V 面内并距 H 面 20mm；点 C 距 V 面 35mm，距 H 面 25mm。求作各点的两面投影。

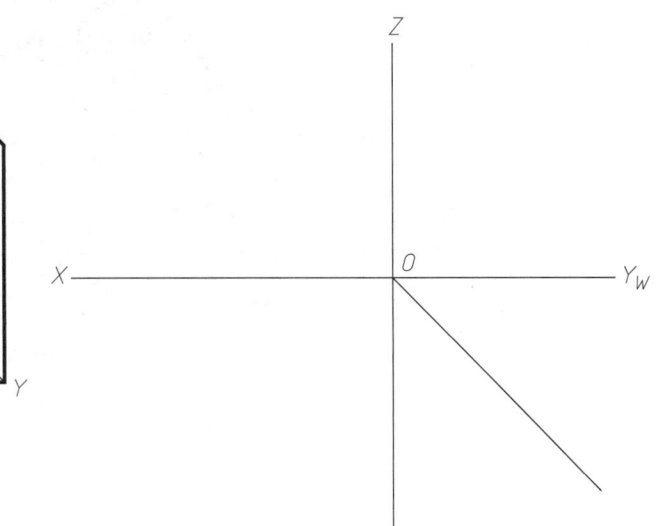

3. 求作点 A（20，30，15）、点 B（10，20，0）、点 C（30，0，30）的三面投影。

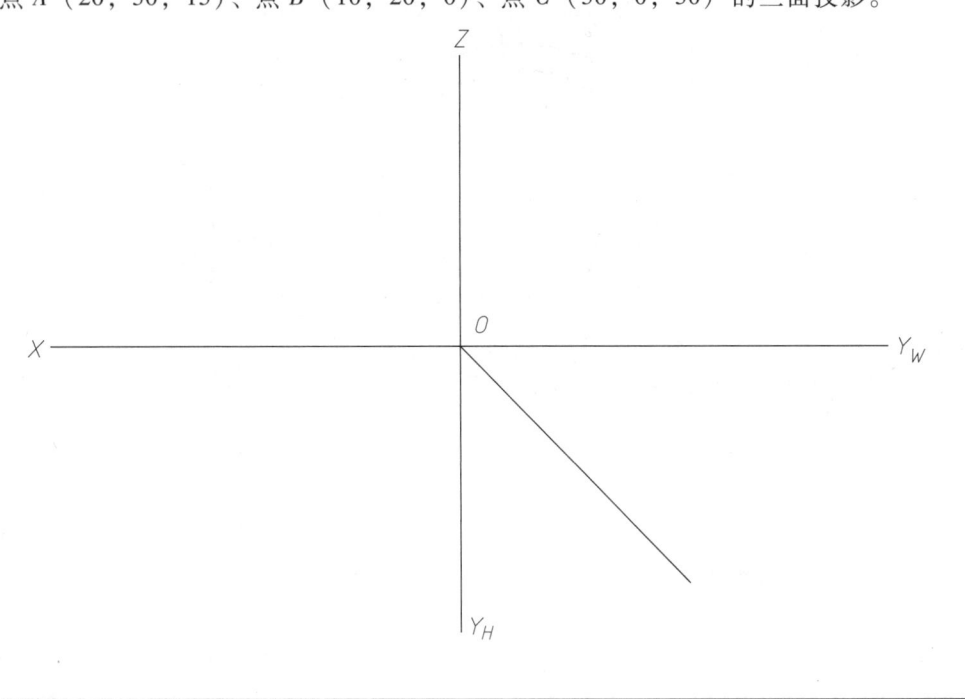

4. 求作各点的三面投影。

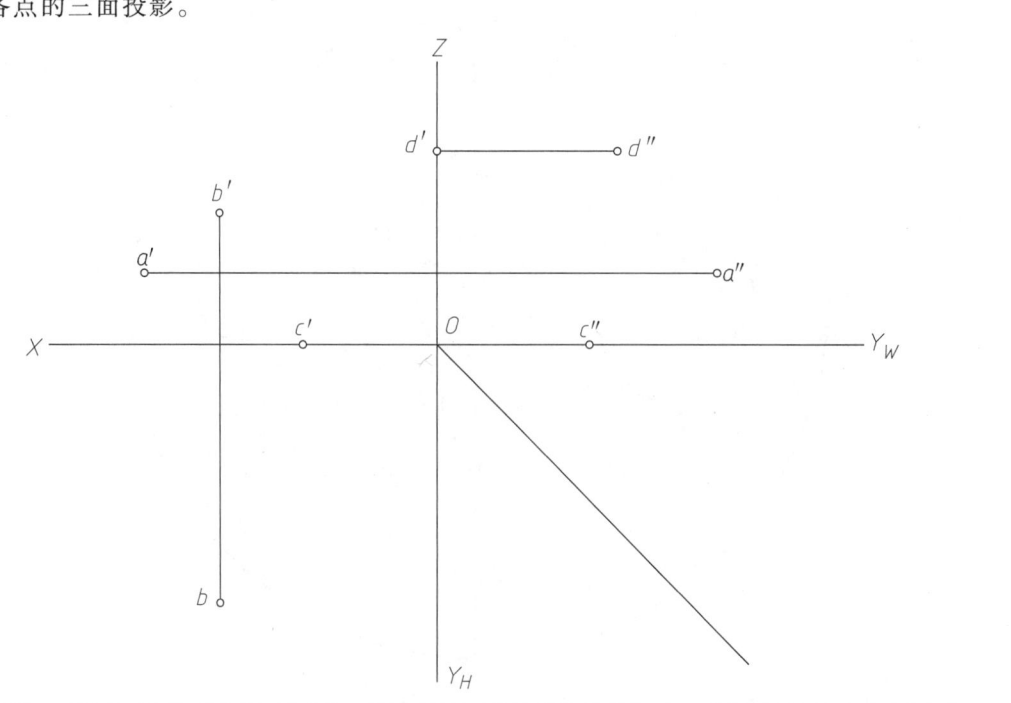

2-1 点的投影（续）

5. 已知点 B 在点 A 左方 12mm，且 $X_B = Y_B = Z_B$；点 C 比点 B 低 10mm，X 坐标比点 B 大 5mm，且 $X_C = Y_C$，求点 A、B、C 的三面投影。

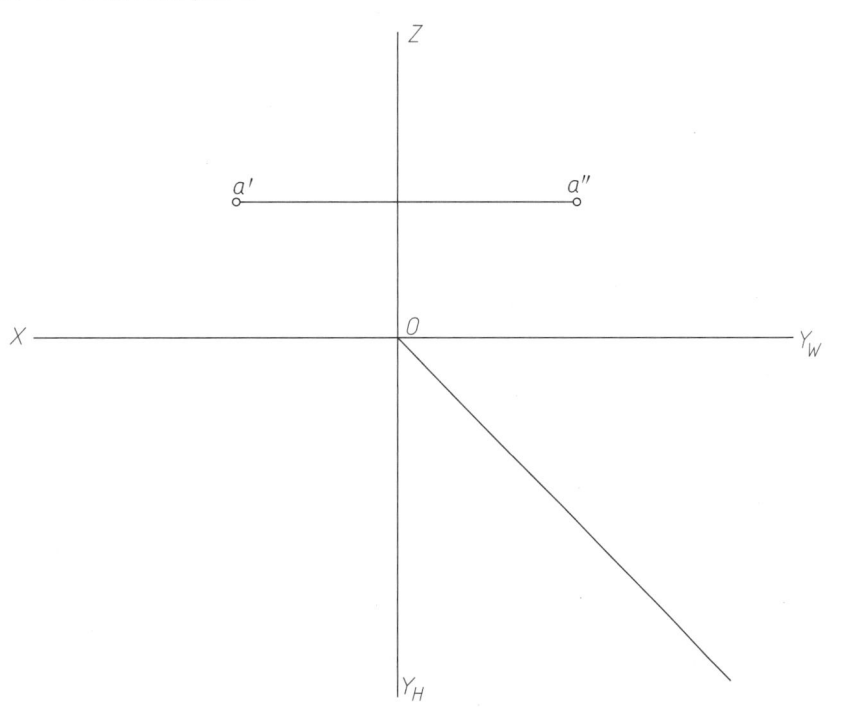

6. 求各点的第三面投影，并比较点 A 与点 B、点 C 与点 D、点 E 与点 F 的相对位置，数值按 1∶1 的比例直接从图中量取。

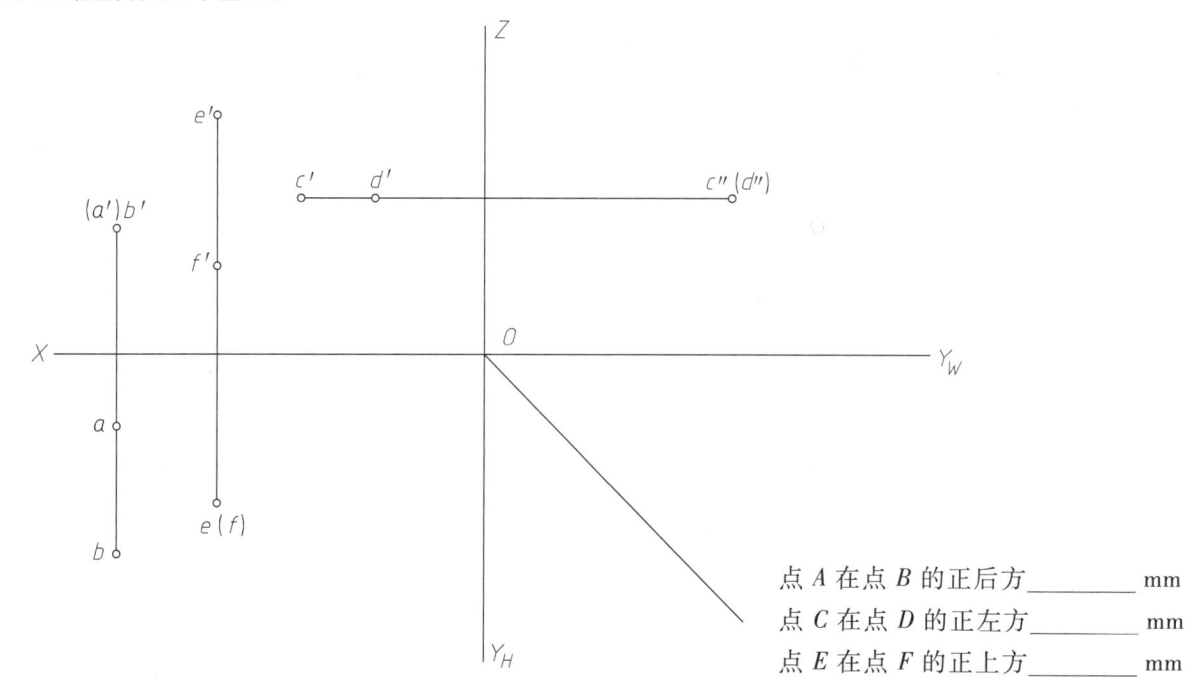

点 A 在点 B 的正后方 _____ mm
点 C 在点 D 的正左方 _____ mm
点 E 在点 F 的正上方 _____ mm

7. 根据四点 A、B、C、D 的投影图，画出直观图，并判断出各点在第几分角。

点	分角
A	
B	
C	
D	

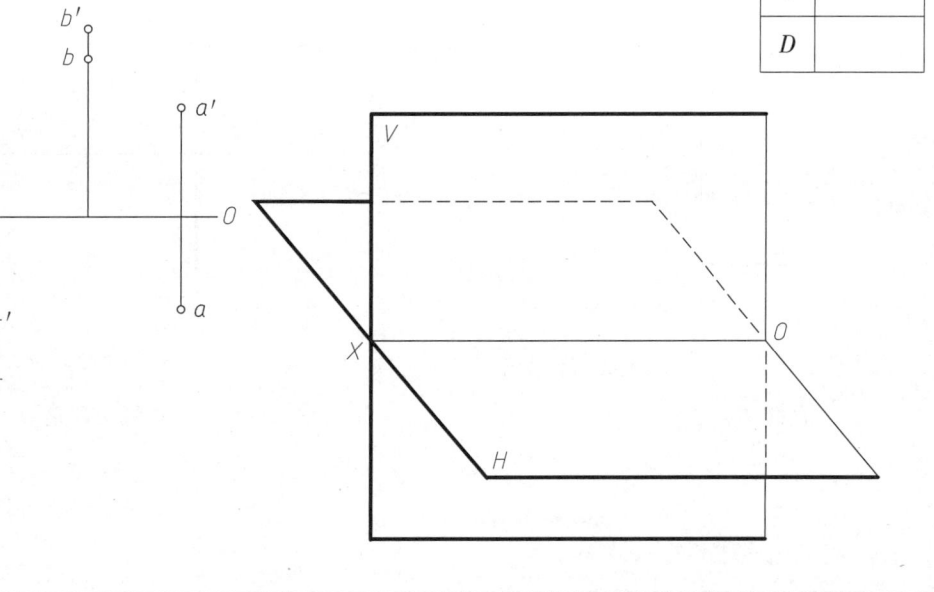

8. 已知点 A 的两面投影，点 B 与点 A 对称于 V 面，点 C 与点 A 对称于 X 轴。求点 B 与点 C 的两面投影，并画出 A、B、C 三点的直观图。

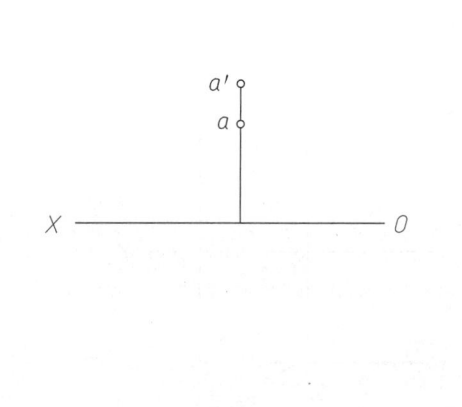

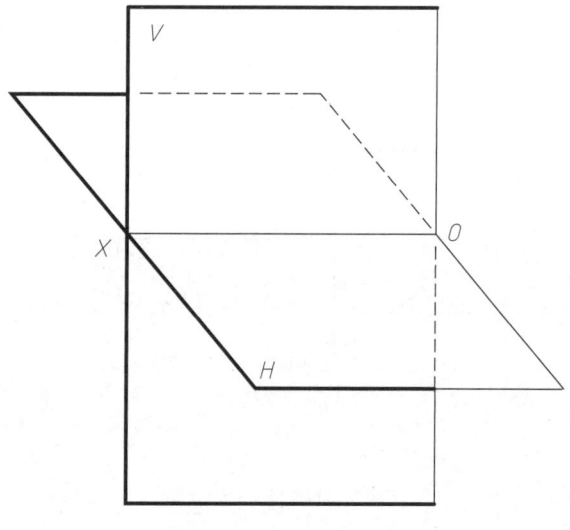

| 2-2 直线的投影 | | 学号 　　　　 姓名 　　　　 | 8 |

1. 求作侧平线 AB（距 W 面 20mm，与 H 面夹角为 30°，实长为 25mm，点 B 在点 A 的前方、下方）的三面投影。

2. 已知点 C 的正面投影，求作铅垂线 CD（距 V 面 15mm，实长为 20mm）的三面投影。

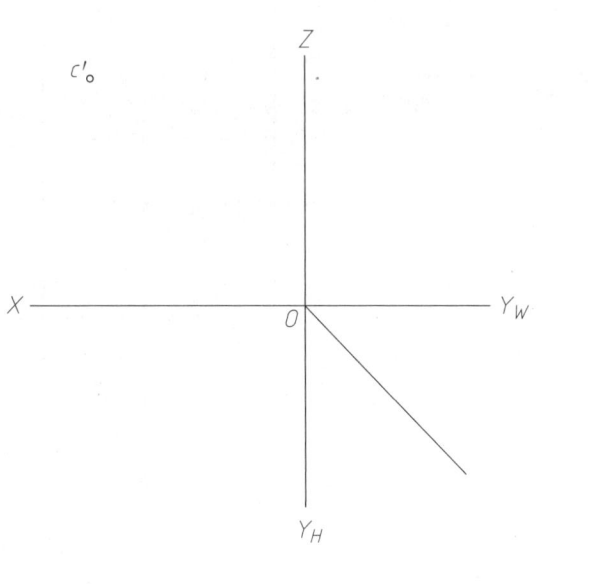

3. 已知直线两端点 A（30，30，10）和 B（10，10，30），求直线 AB 的三面投影。

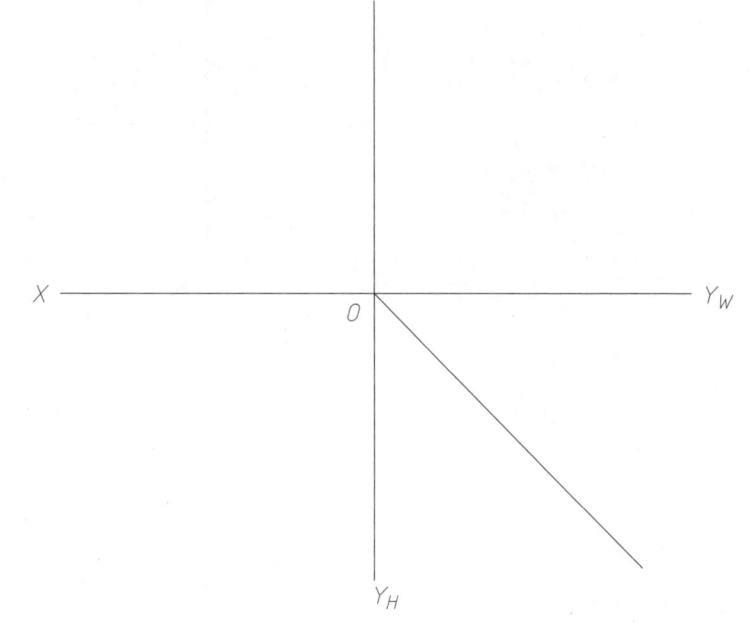

4. 求作下列各直线的三面投影，并判断直线与投影面的相对位置。

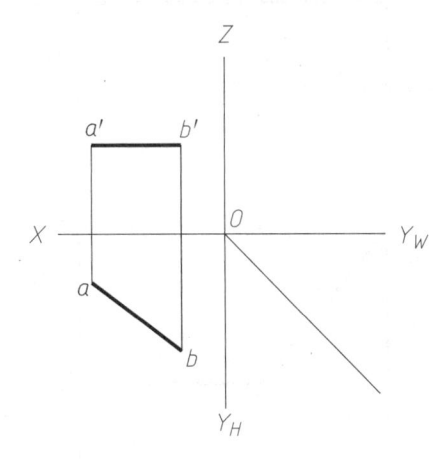

直线 AB 是 _____

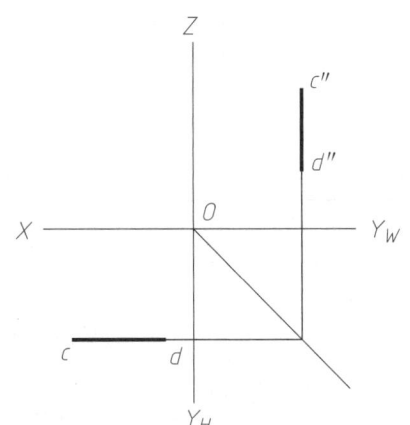

直线 CD 是 _____

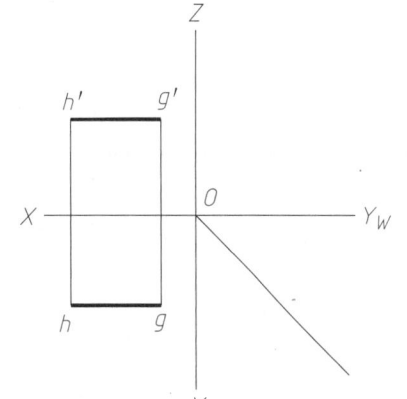

直线 HG 是 _____

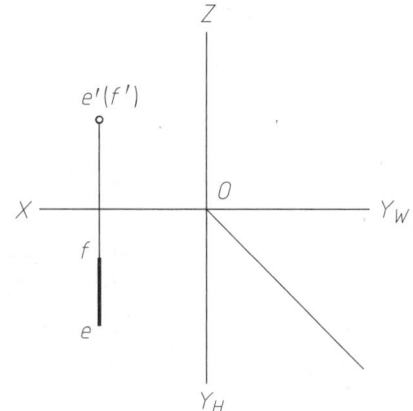

直线 EF 是 _____

| 2-2 直线的投影（续） | 学号　　　姓名 | 9 |

5. 已知直线 AB 的实长为 L，求出直线 AB 的 H 面投影。

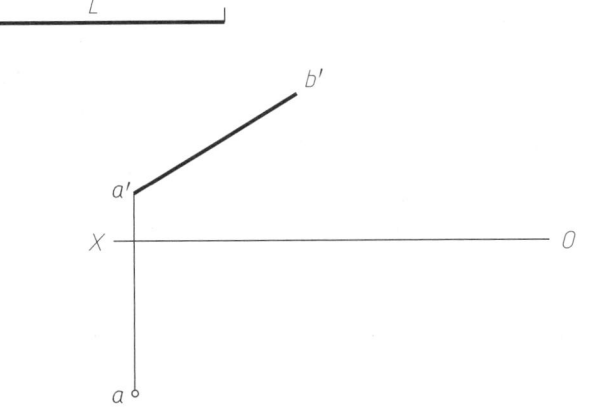

6. 已知直线 AB 的实长为 40mm，求出直线 AB 的 V 面投影。

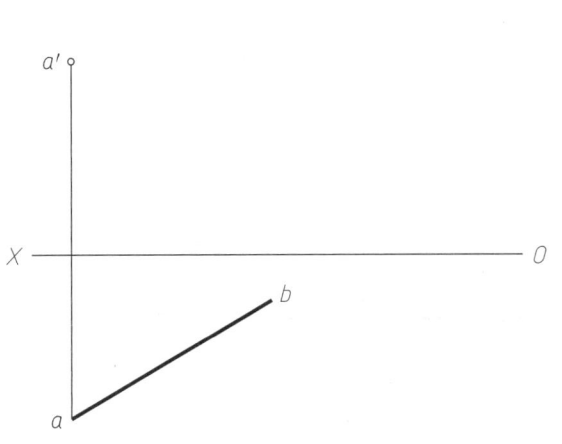

7. 已知点 C 是线段 AB 上的点，并知其 V 面投影 c′，求点 C 的 H 面投影。

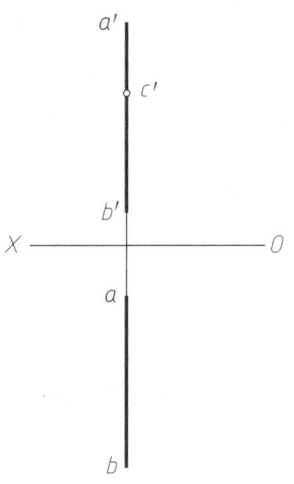

8. 在直线 AB 上取点 C，使 AC = 20mm。

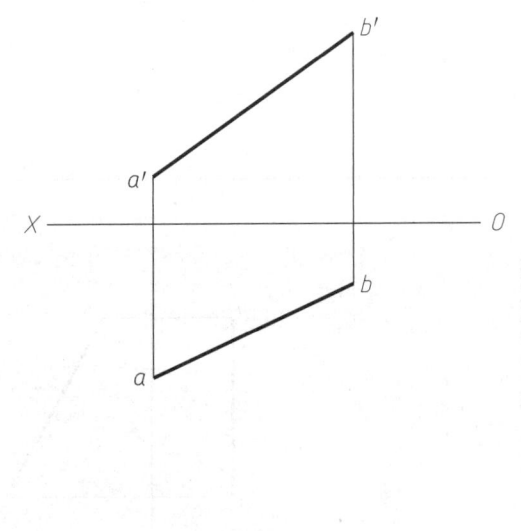

9. 在直线 AB 上取点 C，使点 C 到 V 面、H 面距离相等。

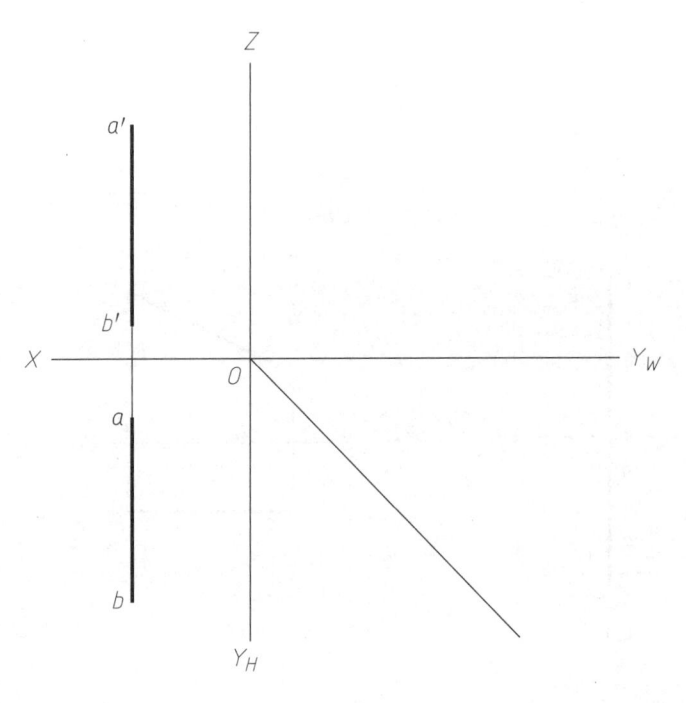

10. 在直线 AB 上取点 C，使 AC : CB = 2 : 1。

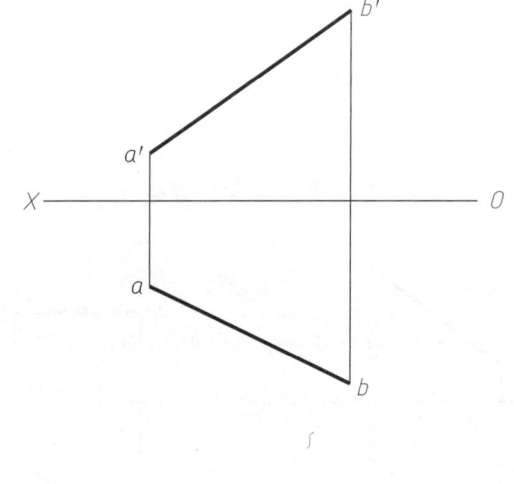

2-2 直线的投影（续）

11. 判断直线与 V 面夹角作图正确的是（　　　）。

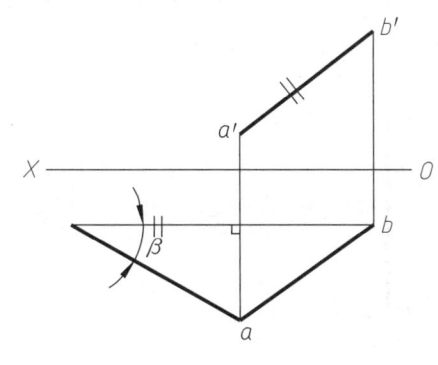 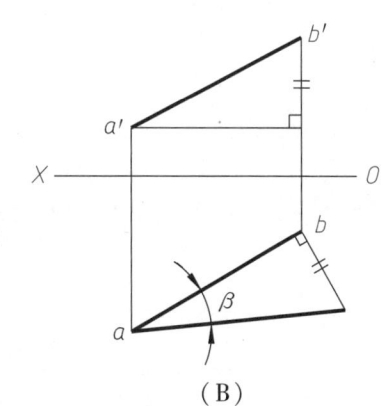 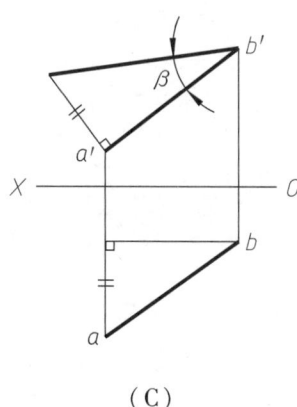 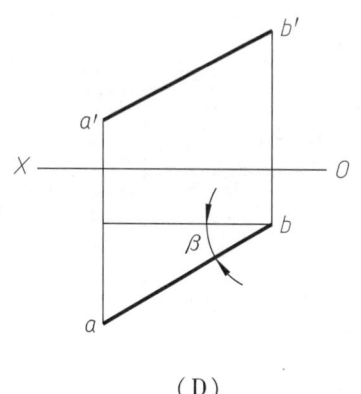 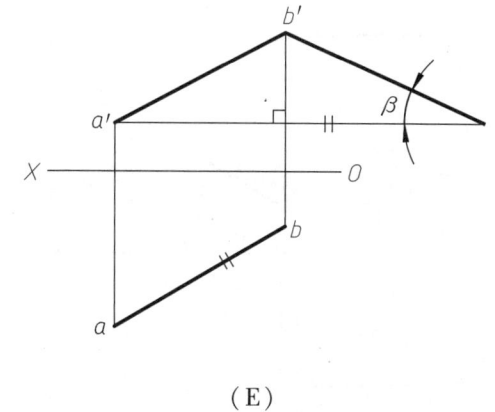

(A)　　　　　　(B)　　　　　　(C)　　　　　　(D)　　　　　　(E)

12. 判断直线与 H 面夹角作图正确的是（　　　）。

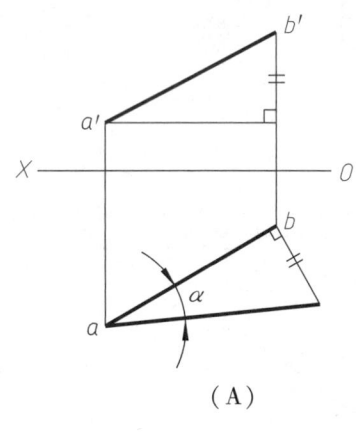 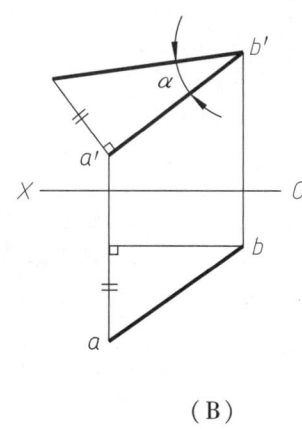 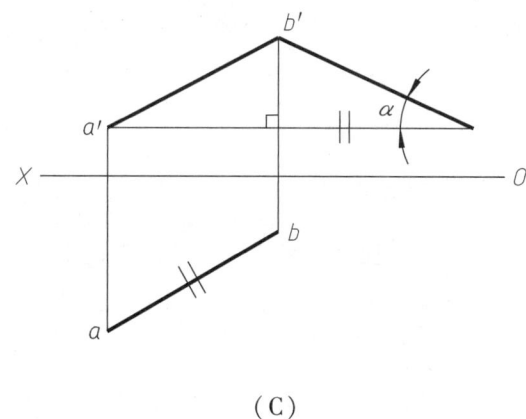 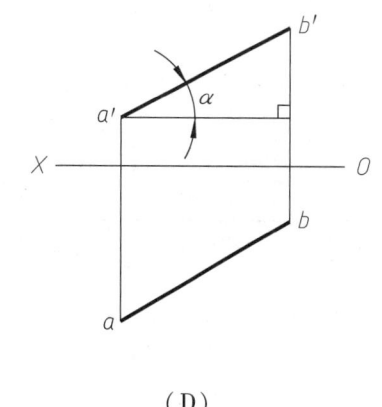 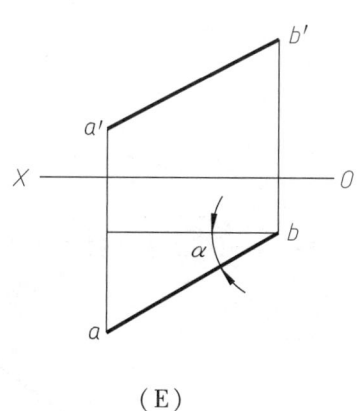

(A)　　　　　　(B)　　　　　　(C)　　　　　　(D)　　　　　　(E)

13. 在下列两面投影中反映直线实长的是（　　　）。

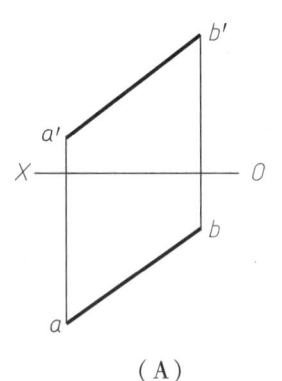 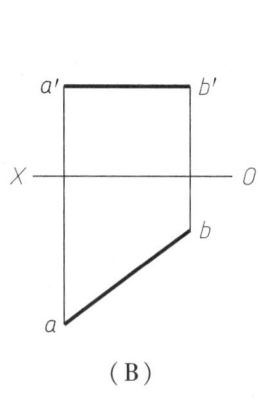 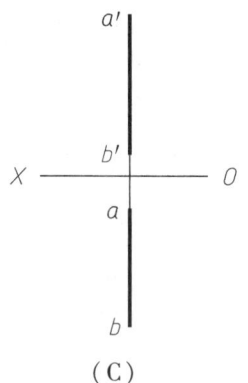 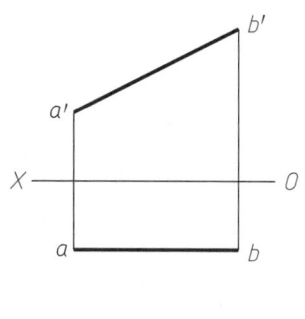 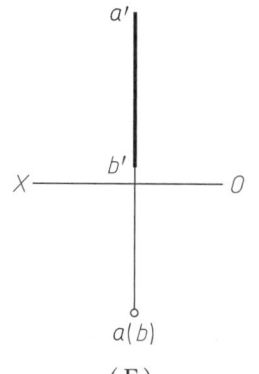 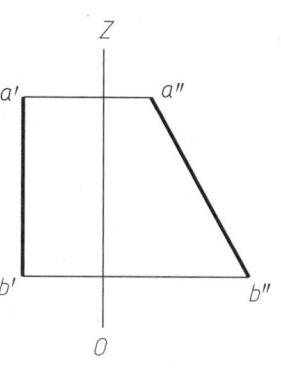

(A)　　　　(B)　　　　(C)　　　　(D)　　　　(E)　　　　(F)

2-3 两直线的相对位置

1. 已知直线 AB 与 CD 相交，交点 B 距 H 面 20mm，试完成直线 AB 的两面投影。

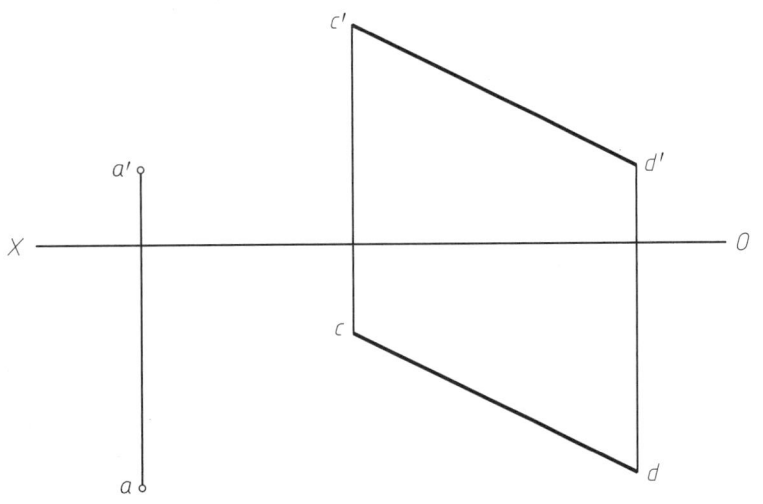

2. 已知直线 AB 与 CD 平行，试完成直线的两面投影。

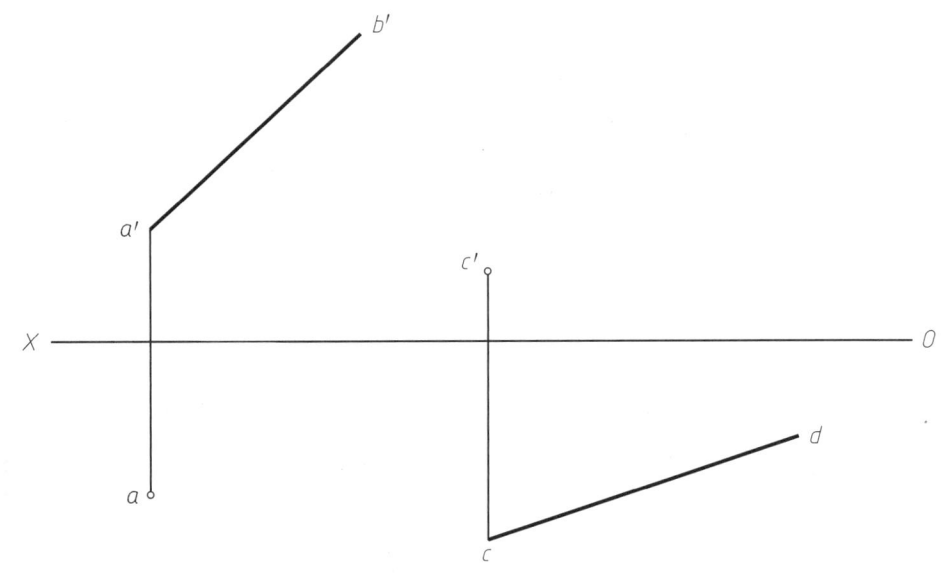

3. 作直线 MN 与 AB、CD 平行，且与 AB、CD 相距 25mm。

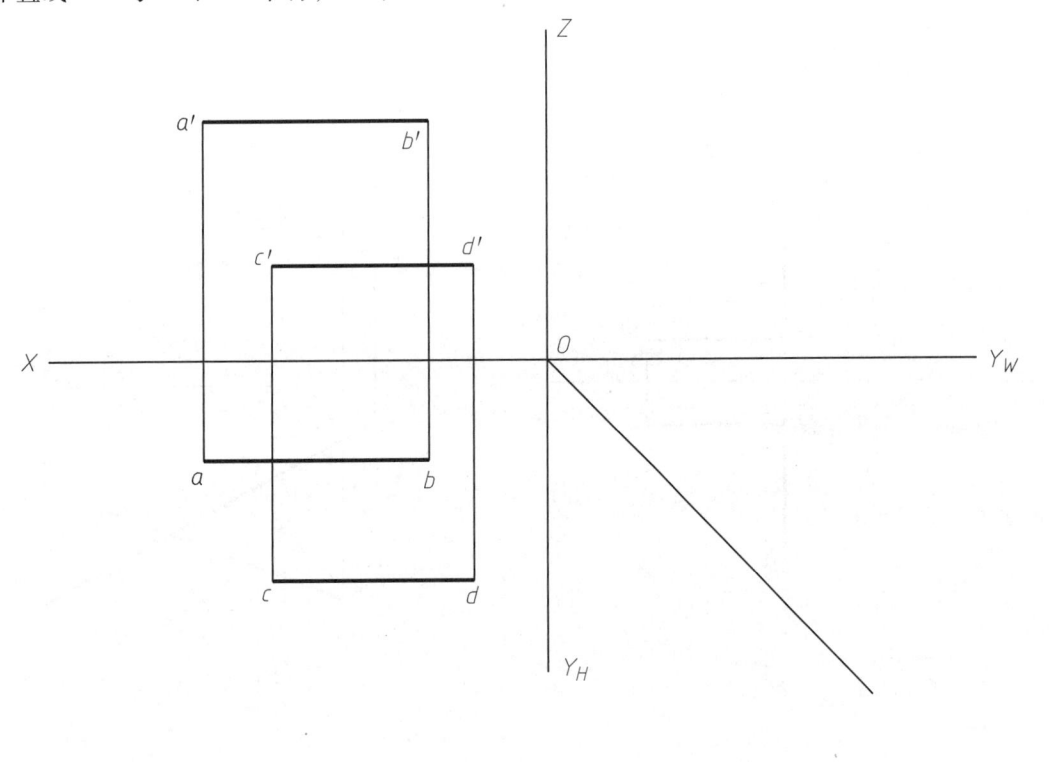

4. 作出交叉两直线重影点的两面投影，并判断可见性。

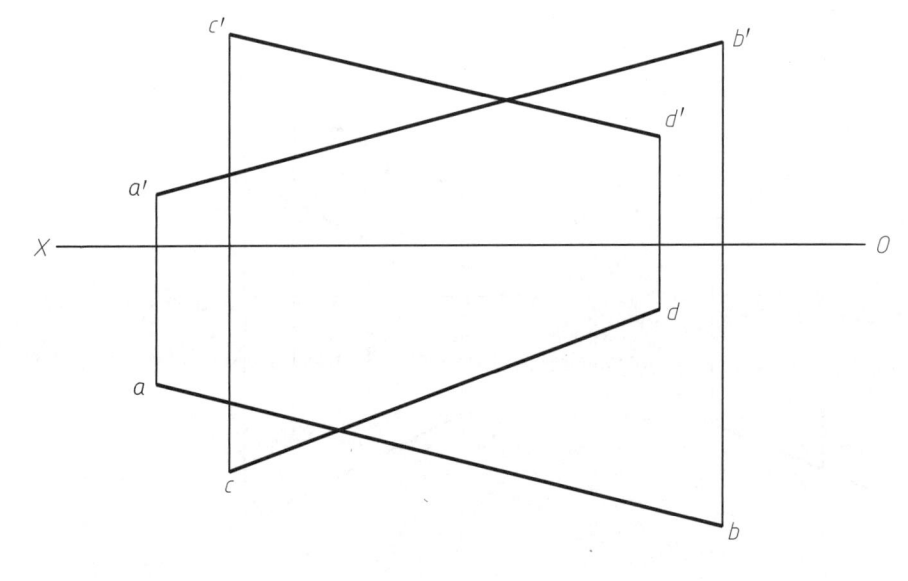

2-3 两直线的相对位置（续）

5. 过点 K 作直线 KC 与线段 AB 垂直相交。

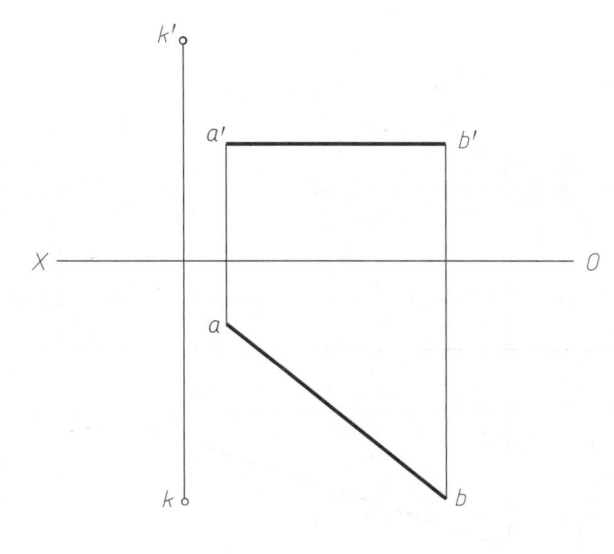

6. 过点 K 作直线 KC 与线段 AB 垂直相交。

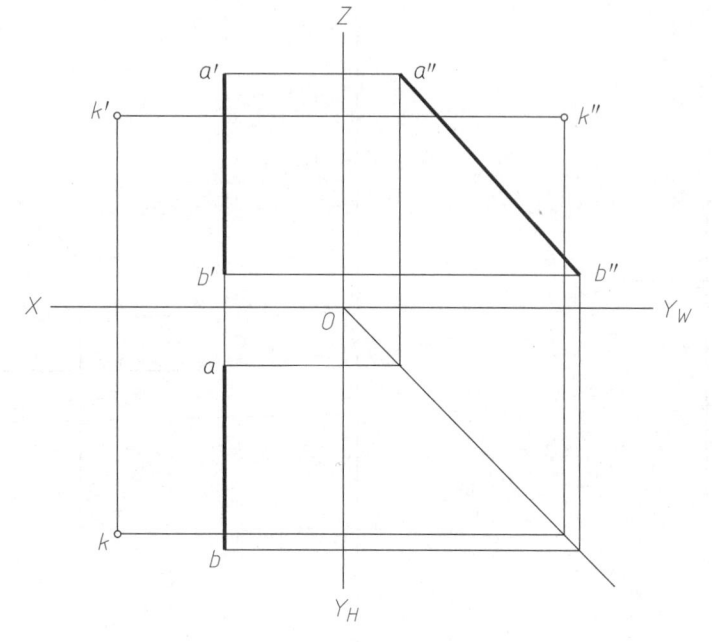

7. 过点 K 作直线 KC 与线段 AB 垂直相交。

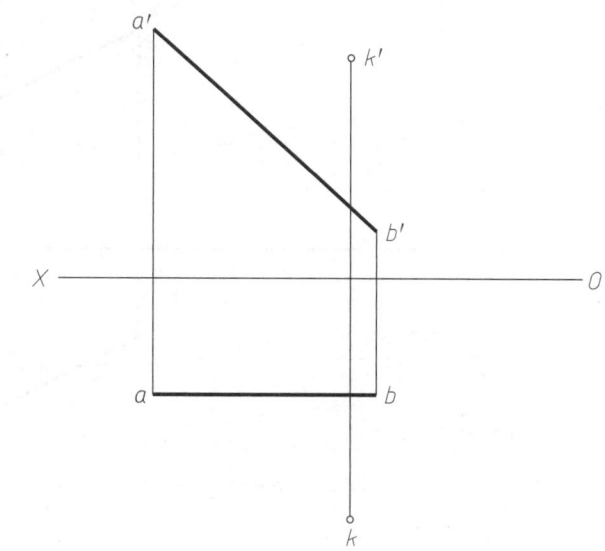

8. 判断下列两直线 AB、CD 的相对位置。

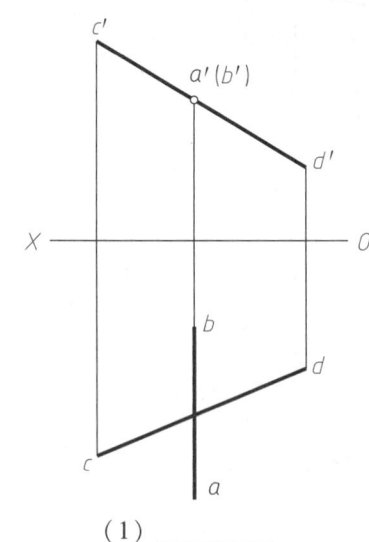
（1）_____

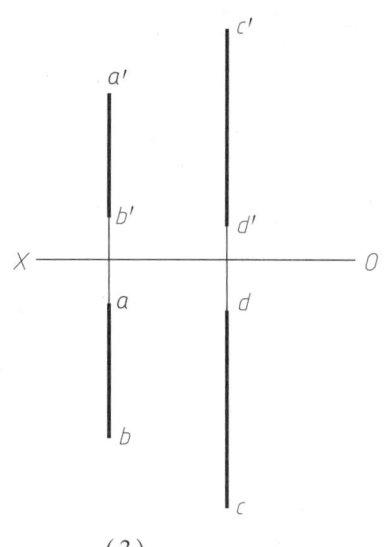
（2）_____

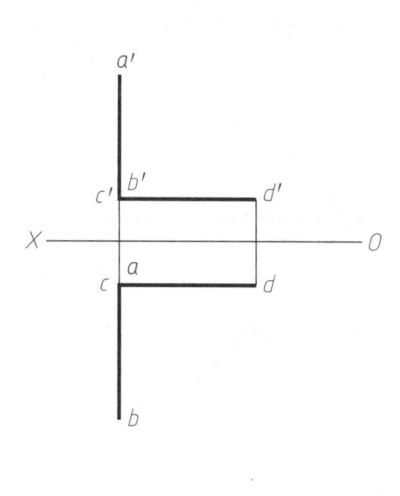
（3）_____

（4）_____

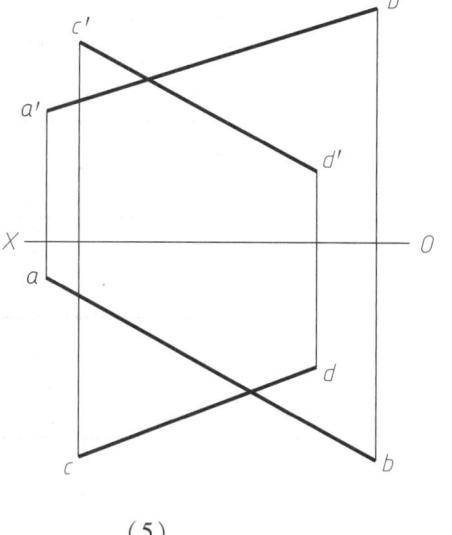
（5）_____

2-4 平面的投影

1. 已知平面的两个投影，求第三面投影，并判断该平面与投影面的相对位置。

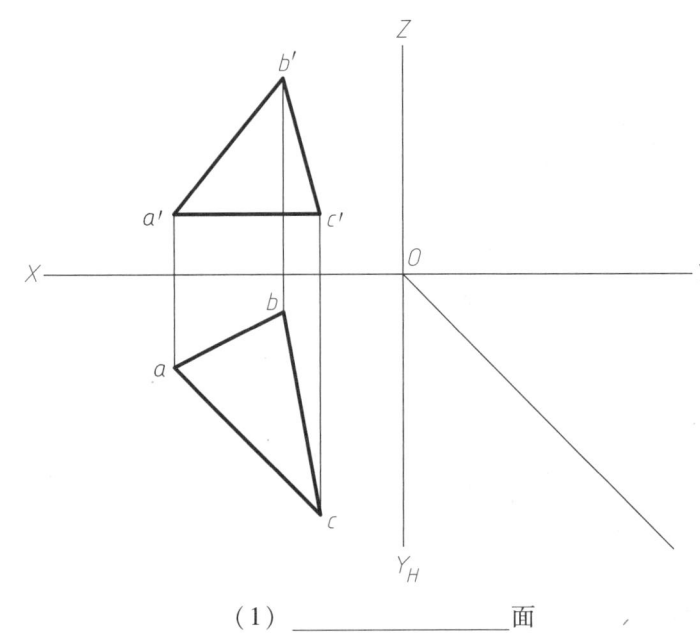

（1）_____面

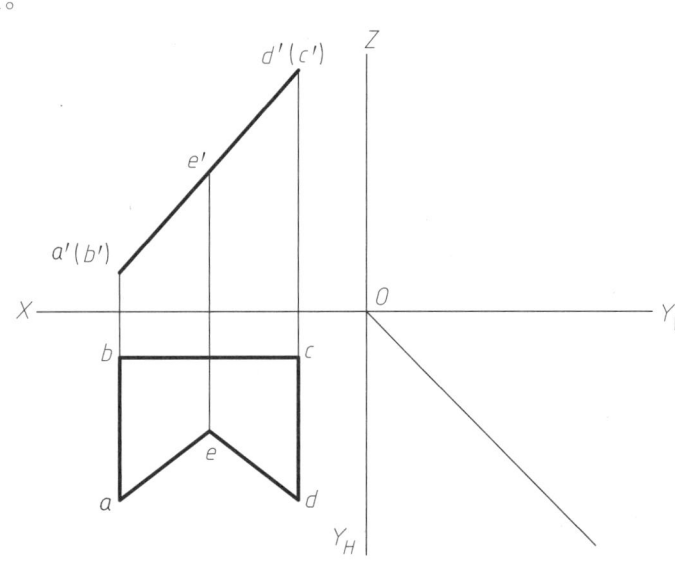

（2）_____面

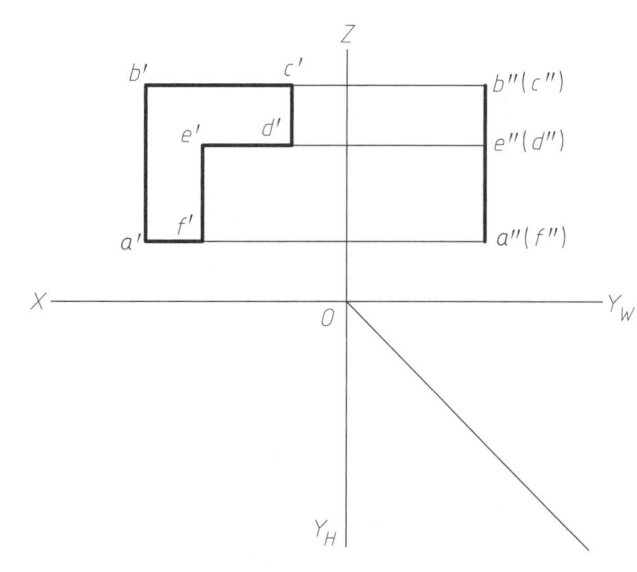

（3）_____面

2. 判断点 D 在三角形 ABC 所确定的平面内的是（　　　　）。

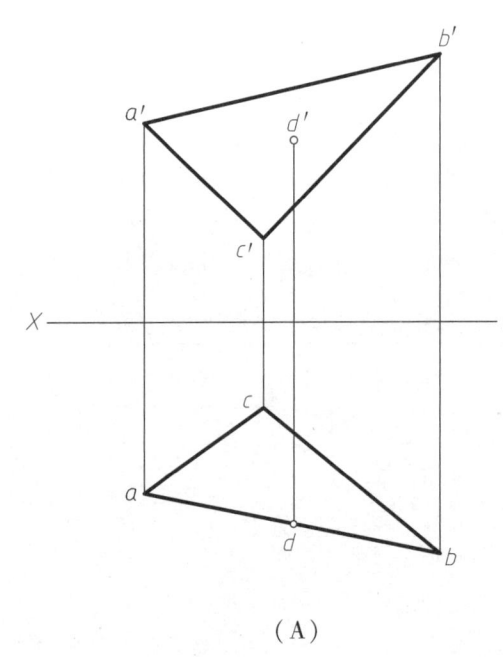

（A）

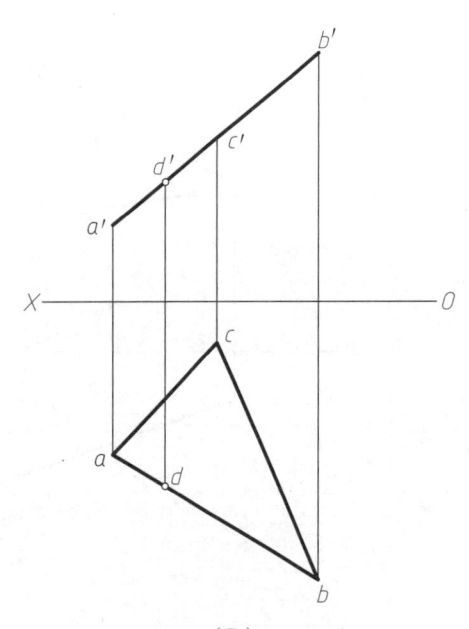

（B）

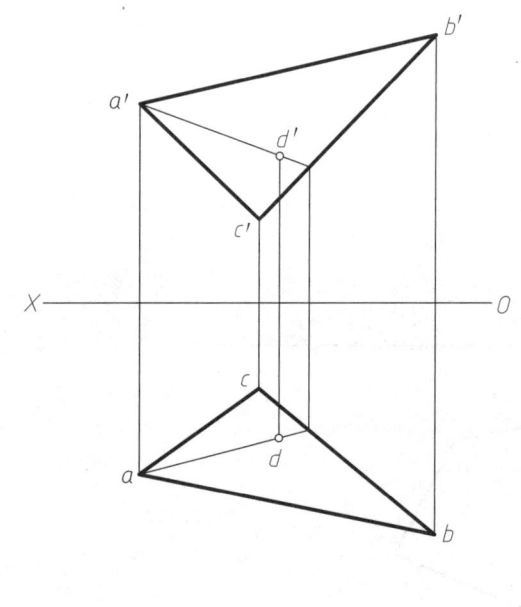

（C）

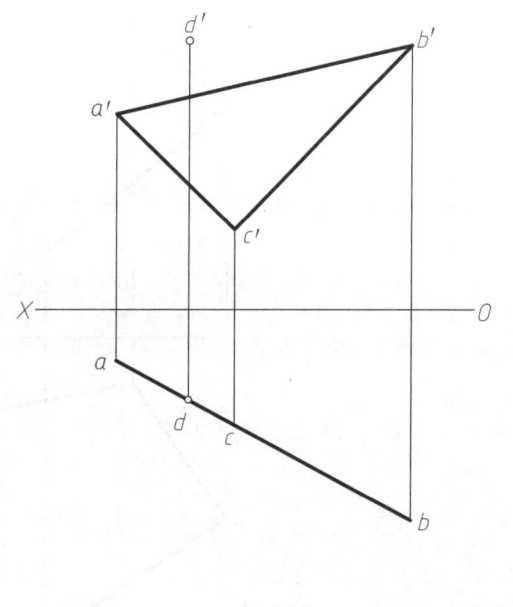

（D）

| 2-4 平面的投影（续） | 学号　　　　姓名　　　　14 |

3. 已知平面 ABC 内点 D 距 H 面 20mm、距 V 面 30mm，求点 D 的两面投影。

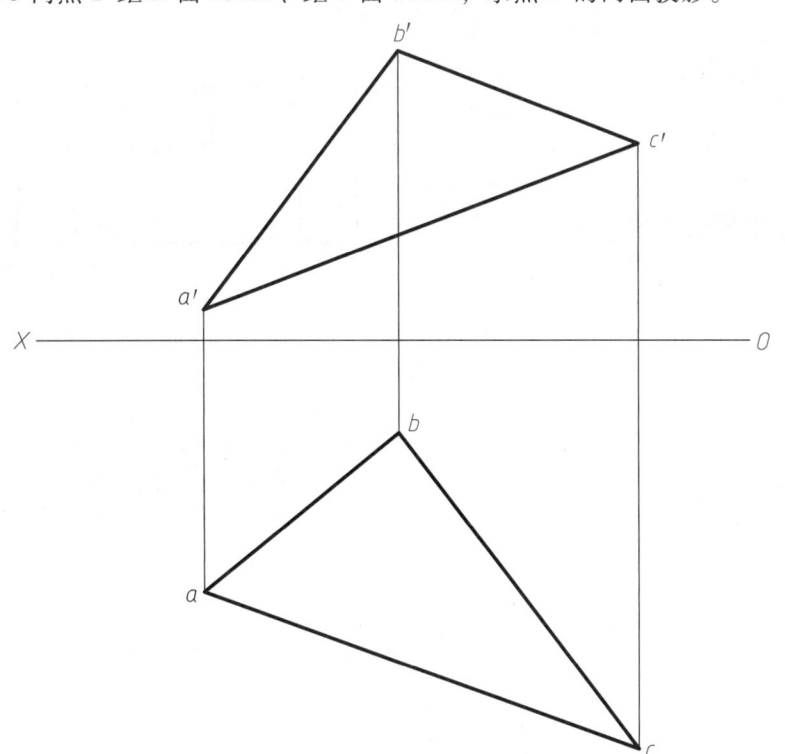

4. 已知三角形 EFG 在平面 ABCD 内，求平面 EFG 的 H 面投影。

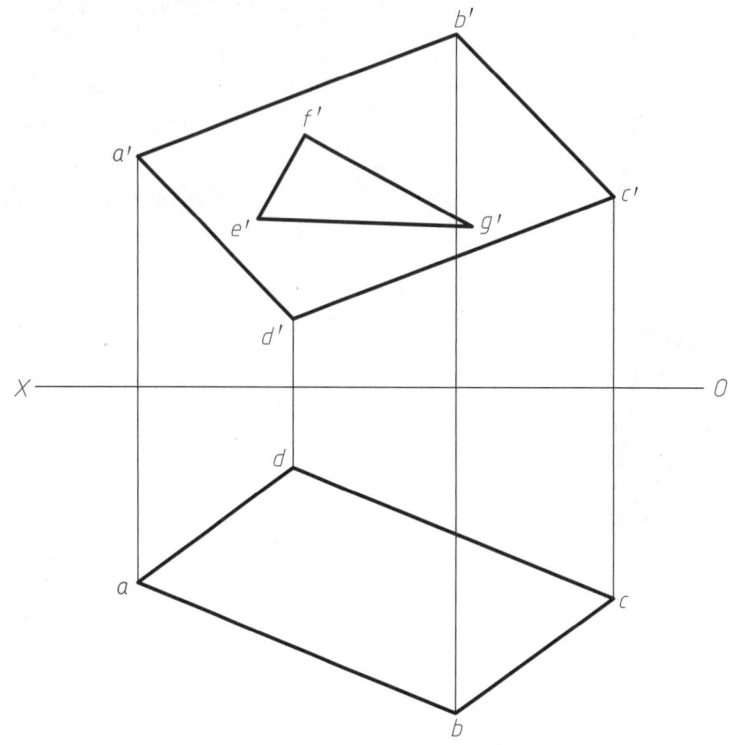

5. 完成平面多边形 ABCDE 的正面投影。

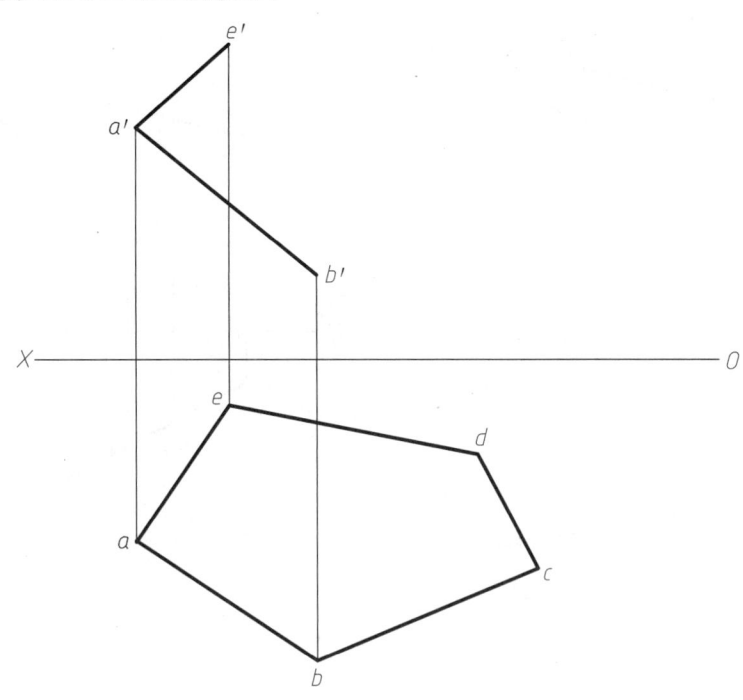

6. 已知平面图形的 V 面投影，且 AB 是正平线，完成平面图形的 H 面投影。

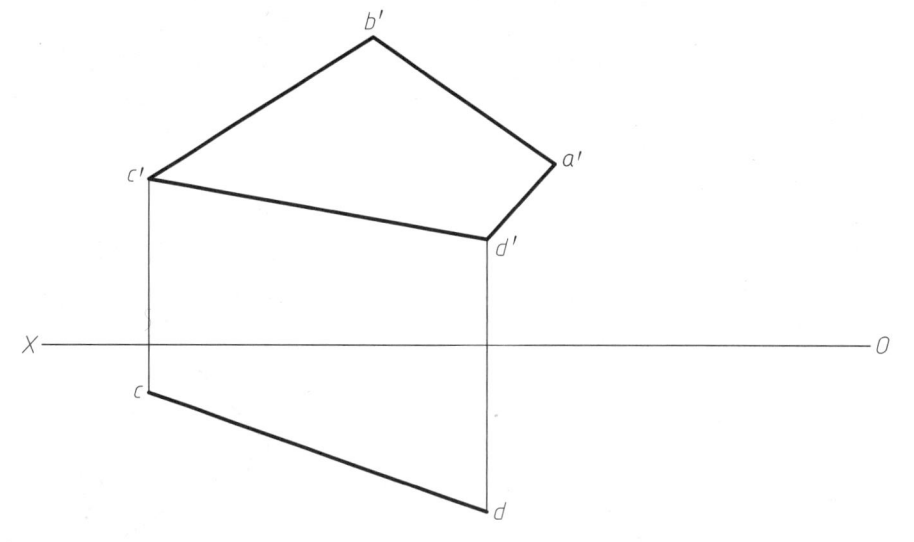

2-5 综合练习 1

1. 过点 M 作直线 EF 与 AB、CD 两直线相交，交直线 AB 于点 E，交直线 CD 于点 F。

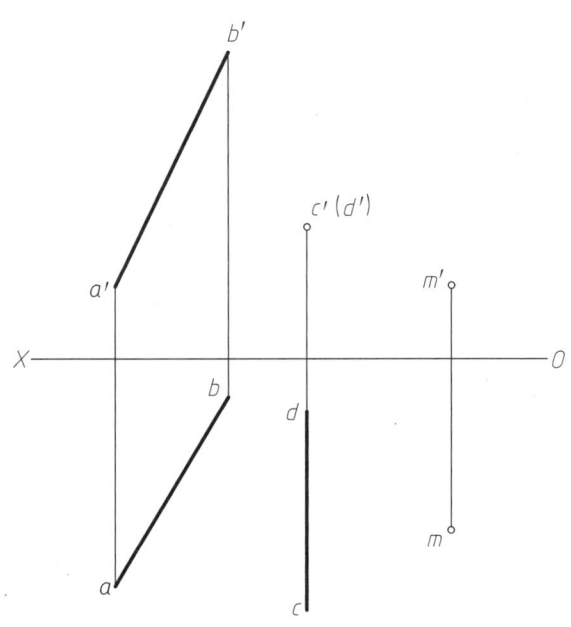

2. 作水平线 MN 与直线 AB、CD 相交，并距 H 面 20mm。

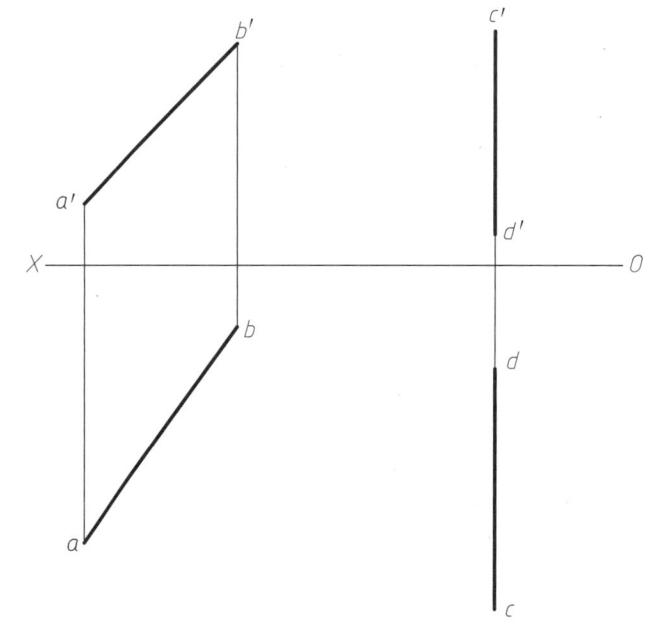

3. 已知 AB = BC，完成正方形 ABCD 平面的两面投影。

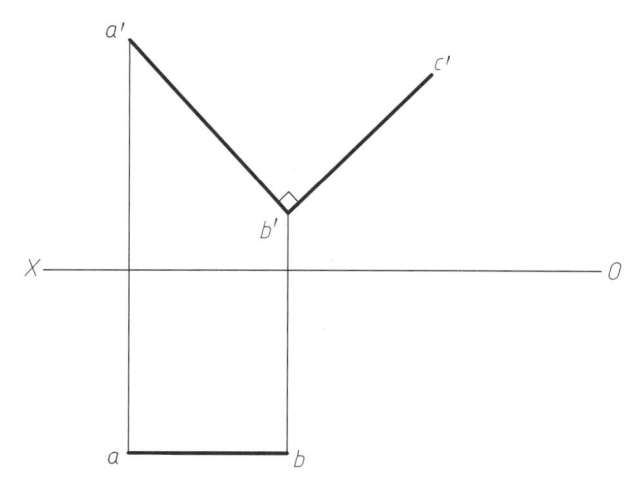

4. 已知 AB = BC，作一般位置直线 BC 与 AB 垂直相交。（有多少解？只作一解即可。）   有 _____ 解

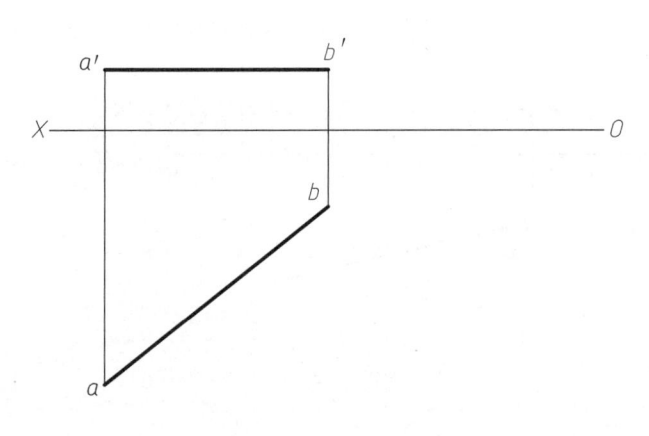

5. 作直线 MN 与 AB 平行，与 CD、EF 相交。

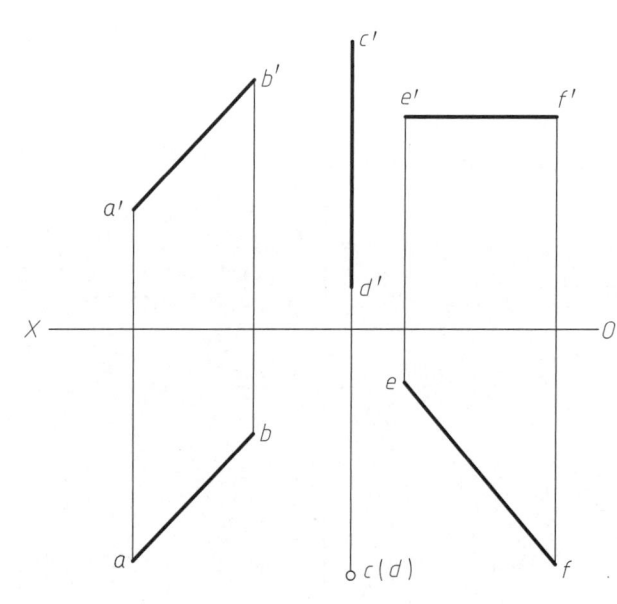

6. 求交叉两直线 AB、CD 的公垂线 MN 的两面投影。

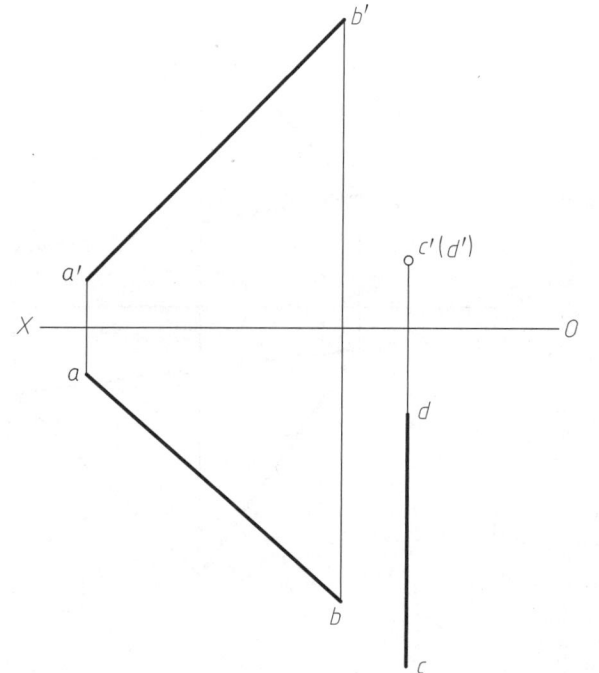

| 2-6 直线与平面及两平面的相对位置（平行） | 学号　　　姓名 | 16 |

1. 过点 D 作直线 DE 与三角形 ABC 及 V 面平行。

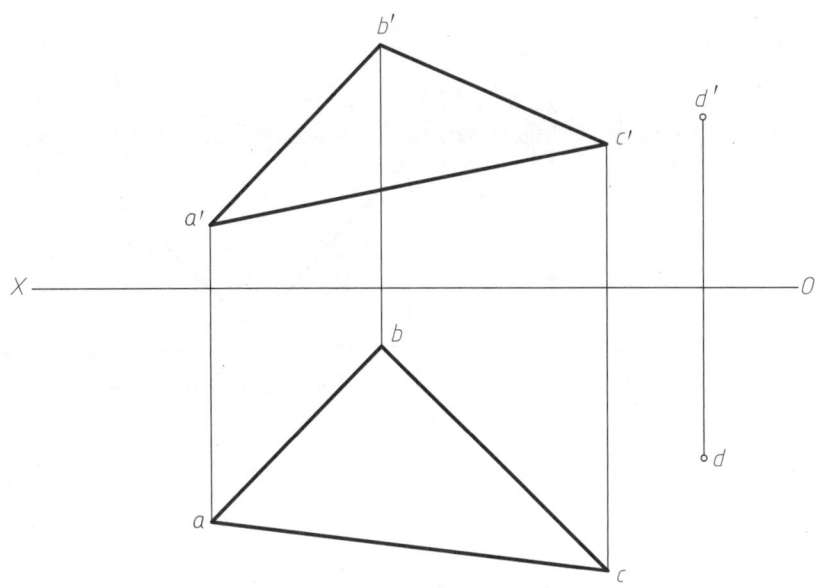

2. 已知直线 EF 与三角形 ABC 平行，求三角形 ABC 的 H 面投影。

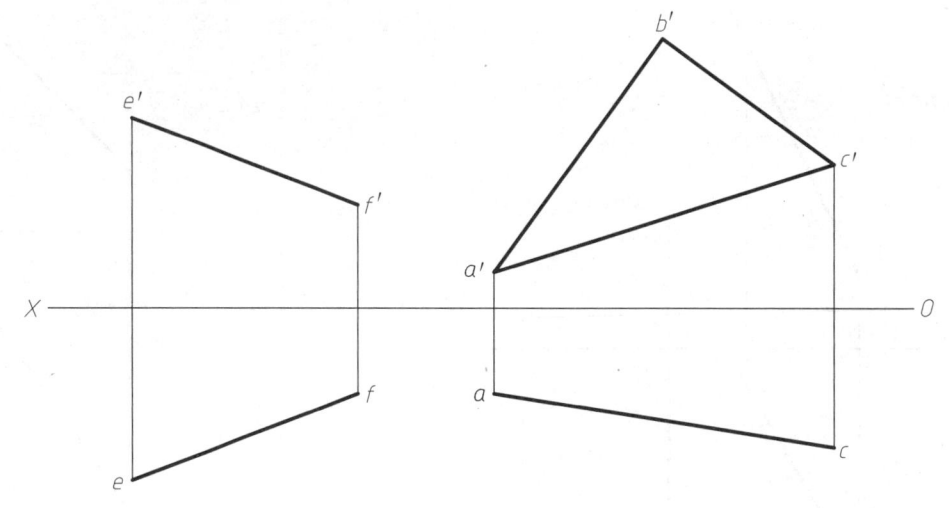

3. 已知三角形 ABC 与三角形 DEF 互相平行，求三角形 DEF 的 H 面投影。

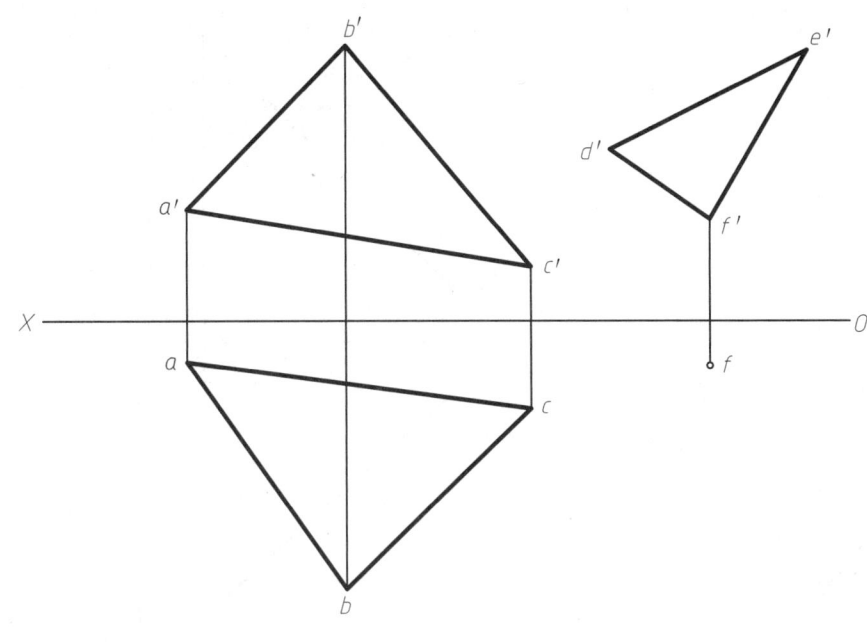

4. 过已知点 D 作直线 DE 平行于三角形 ABC。

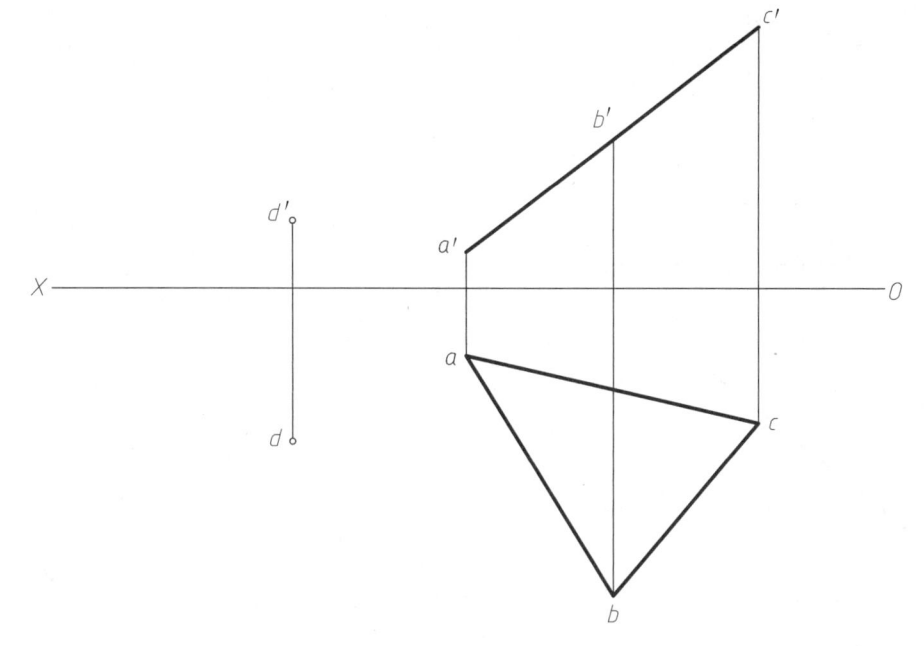

2-7 直线与平面及两平面相对位置（相交）

1. 求直线 DE 与三角形 ABC 交点 K 的两面投影，并判断可见性。

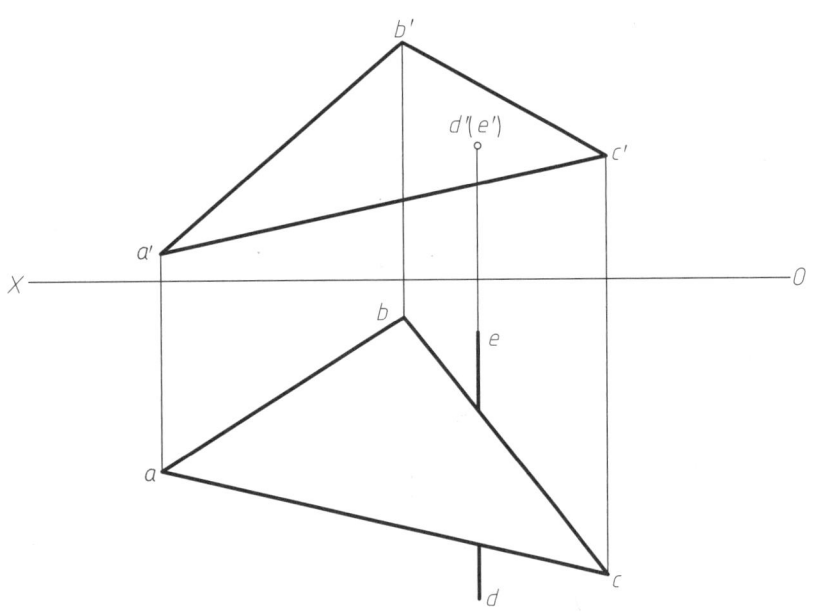

2. 求直线 DE 与三角形 ABC 交点 K 的两面投影，并判断可见性。

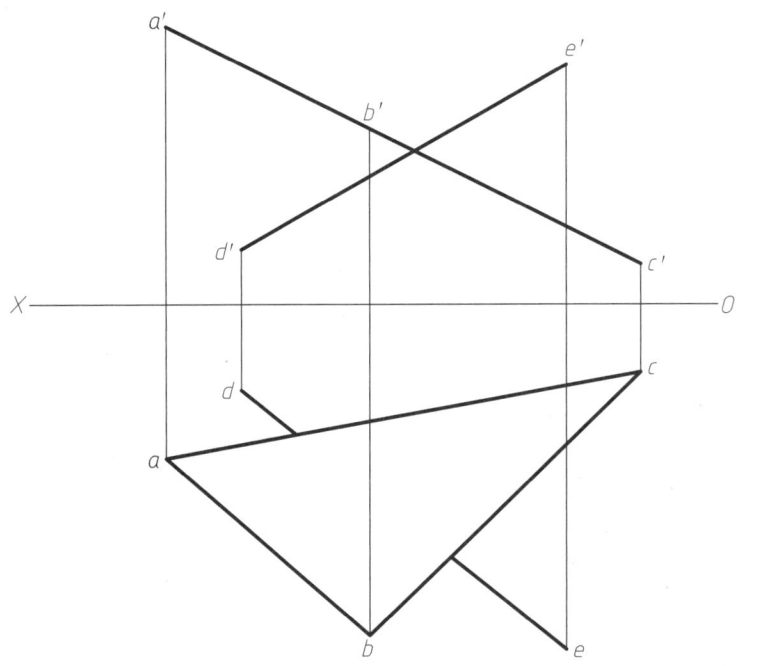

3. 求两平面交线 KL 的两面投影，并判断可见性。

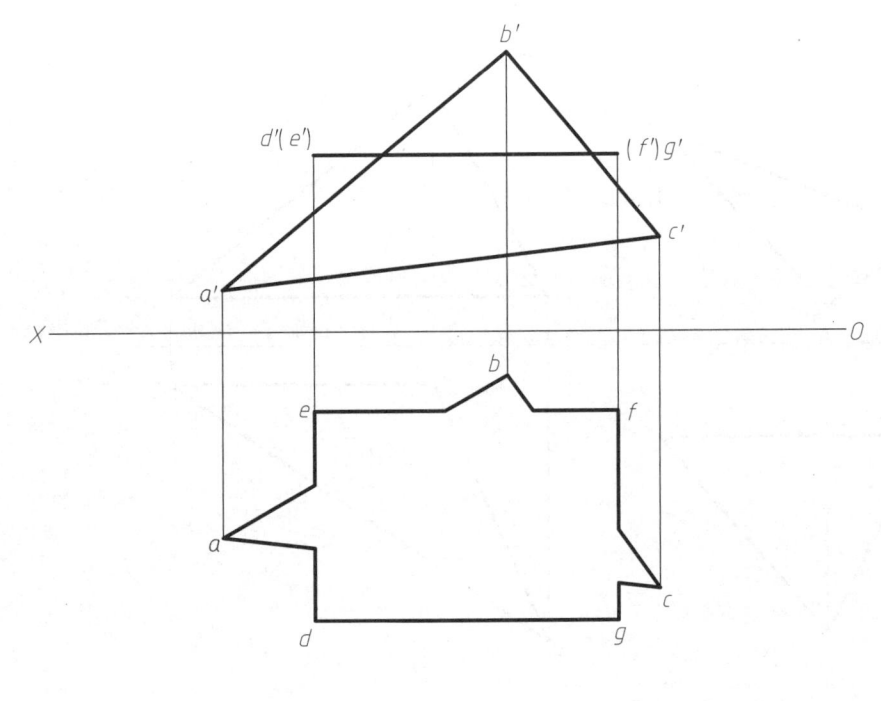

4. 求两平面交线 KL 的两面投影，并判断可见性。

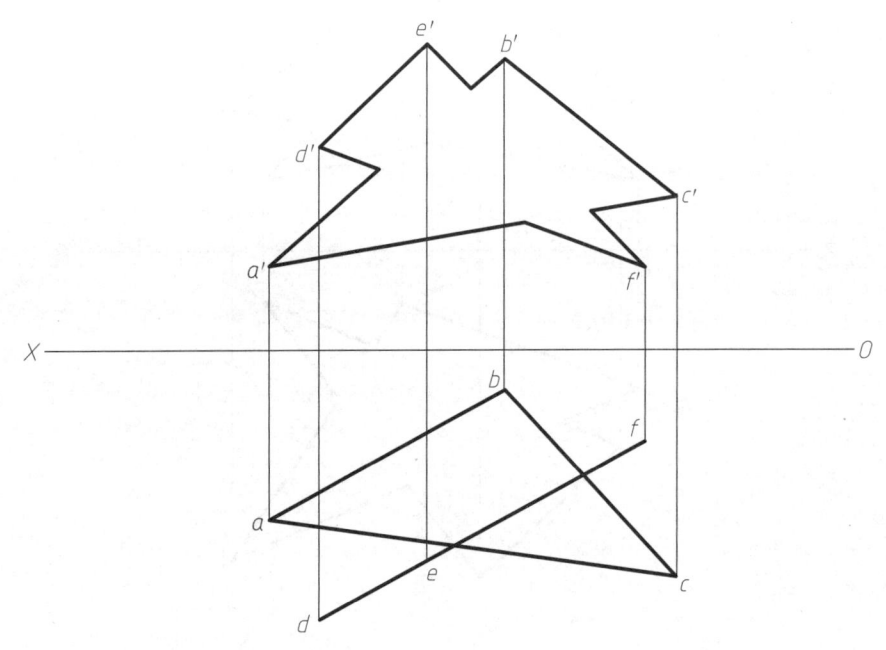

2-7 直线与平面及两平面相对位置（相交）（续）

5. 求两平面交线 KL 的两面投影，并判断可见性。

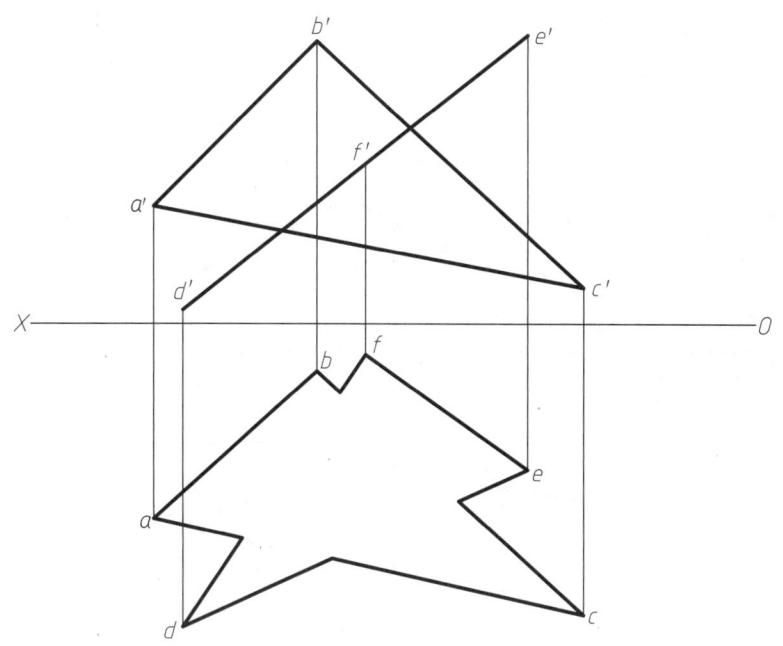

6. 求直线 MN 与三角形平面 ABC 交点 K 的两面投影，并判断可见性。

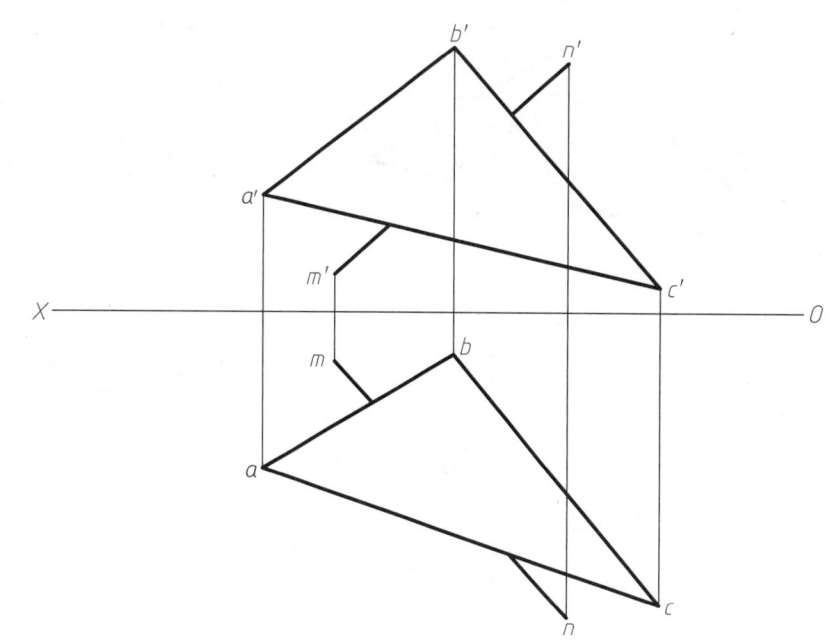

7. 求两平面交线 KL 的两面投影，并判断可见性。

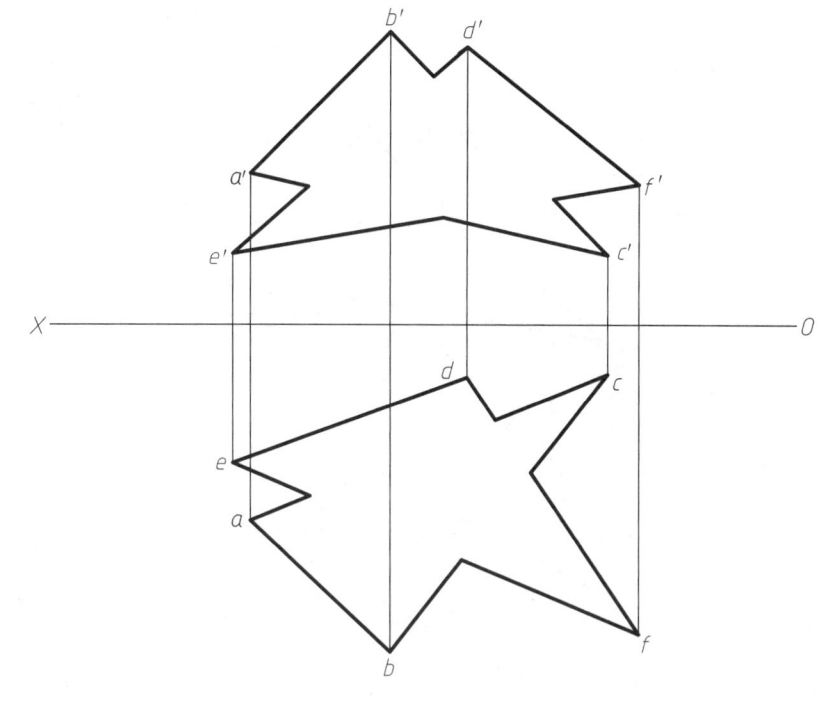

8. 求两平面交线 KL 的两面投影。

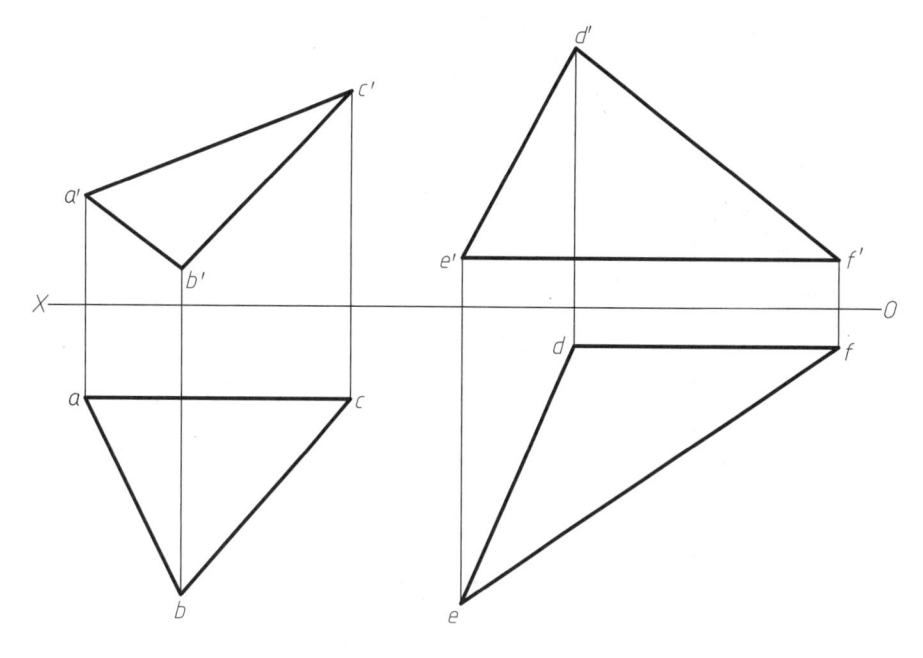

2-8 直线与平面及两平面的相对位置（垂直）	学号 姓名

1. 过点 D 作直线垂直于三角形 ABC。

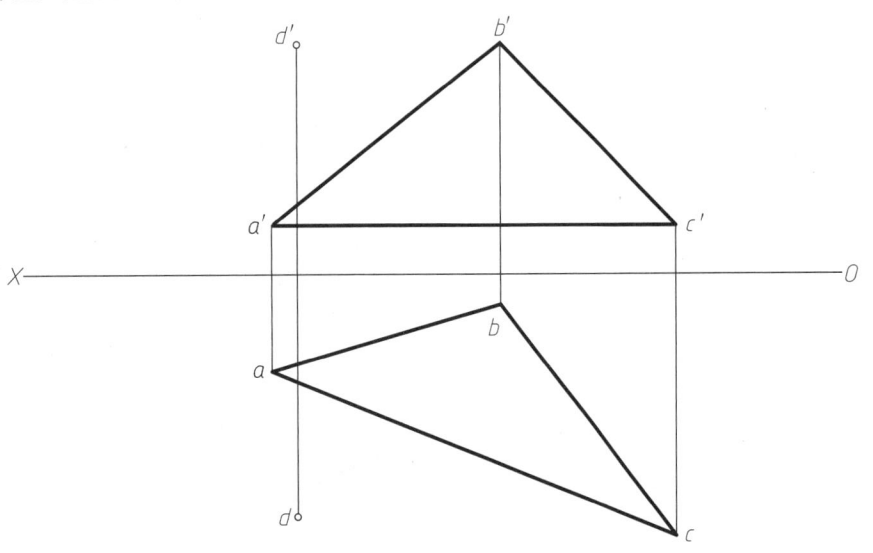

2. 过点 M 作一平面与已知两平面都垂直。

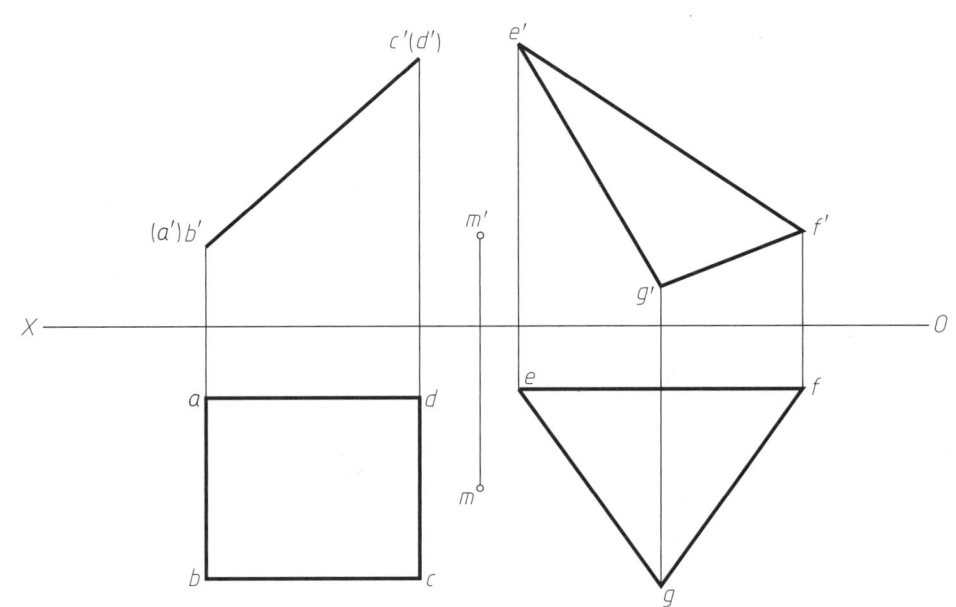

3. 已知直线 AB 与 CD 垂直相交，求直线 AB 的 V 面投影。

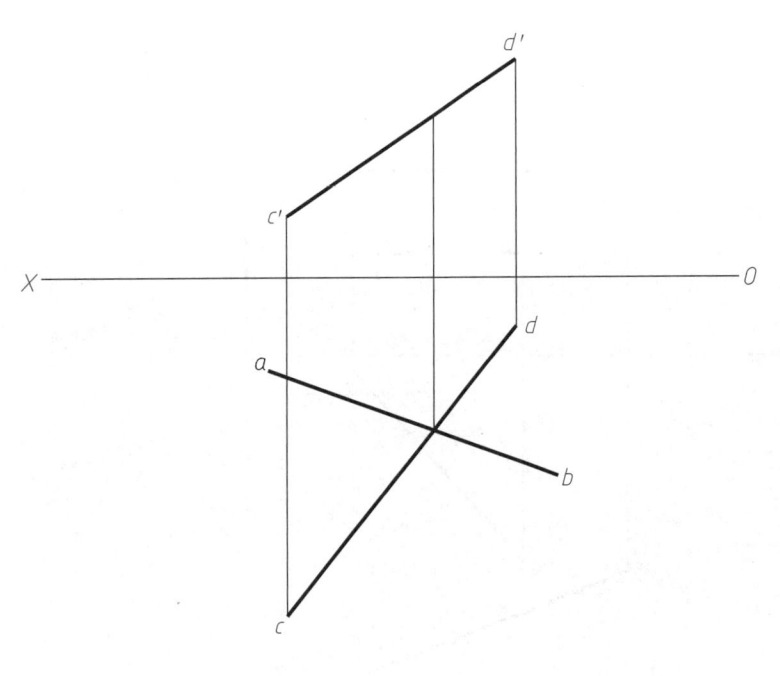

4. 求两平行直线 AB 与 CD 之间的距离。

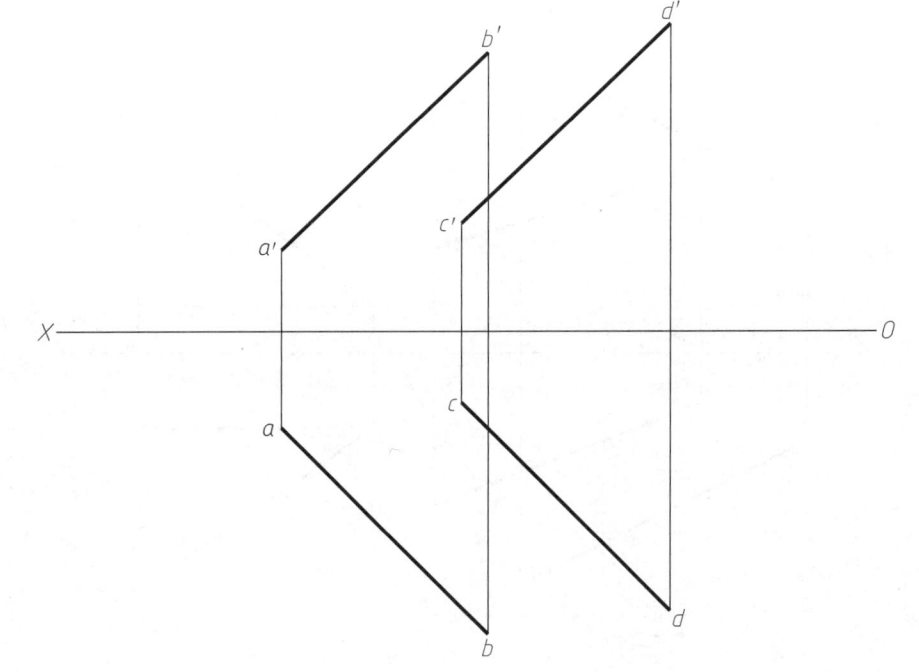

| 2-9 综合练习 2 | 学号　　　姓名 | 20 |

1. 过点 S 作直线平行于三角形 ABC，并与直线 EF 相交于点 L。

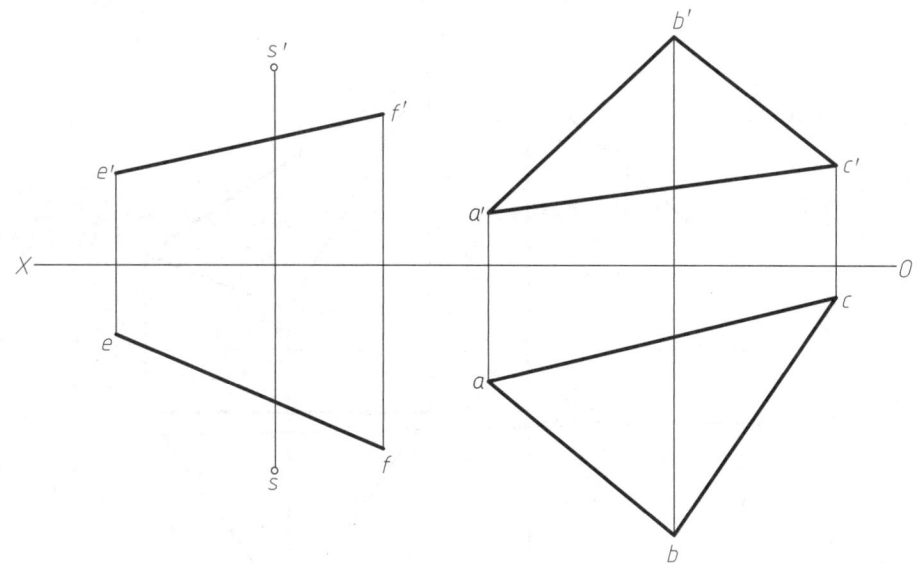

2. 过点 S 作直线与交叉两直线 AB 及 CD 都相交。

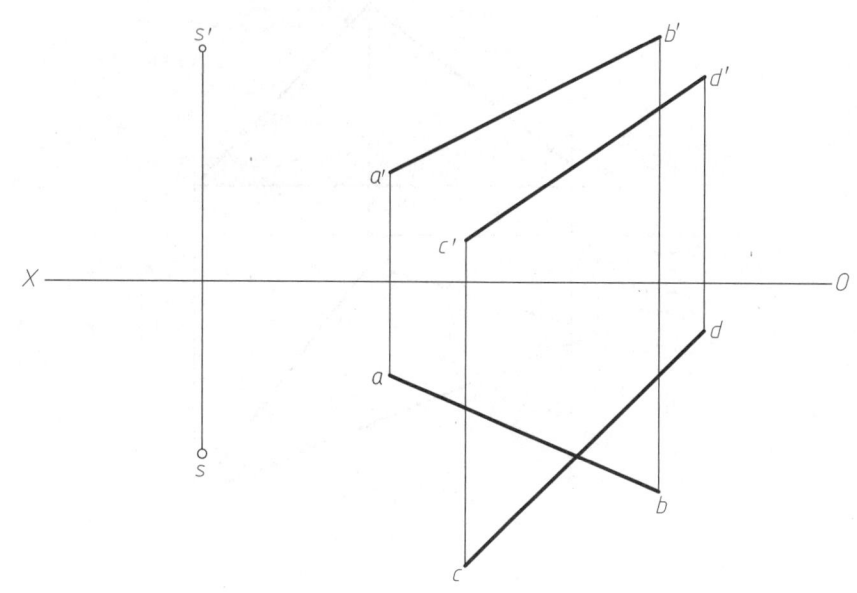

3. 作一直线 MN 与两直线 AB、CD 分别相交于点 M、N，并垂直于平面 EFG。

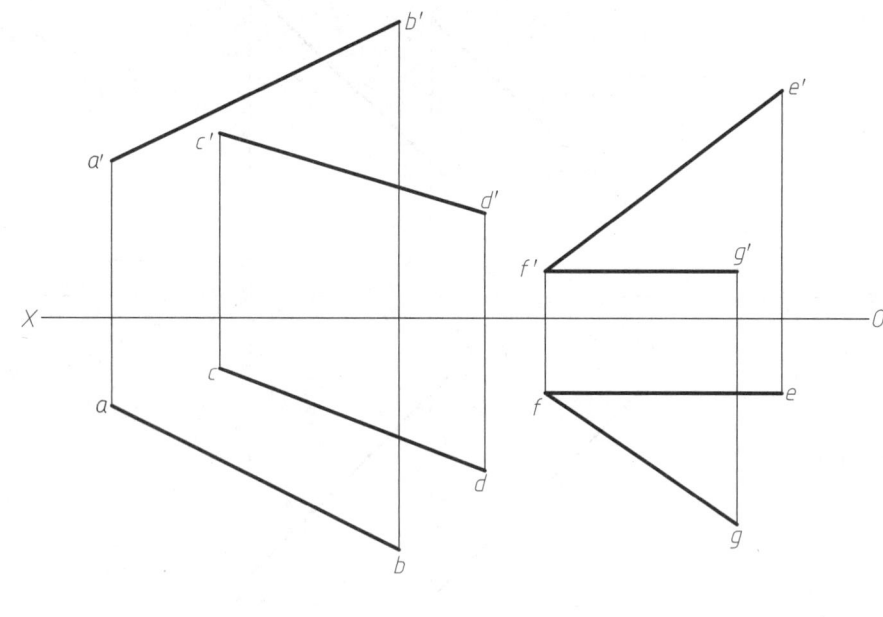

4. 已知水平线 AB、CD 及铅垂线 MN，试在直线 MN 上找一点 K，使其到直线 AB、CD 的距离相等。

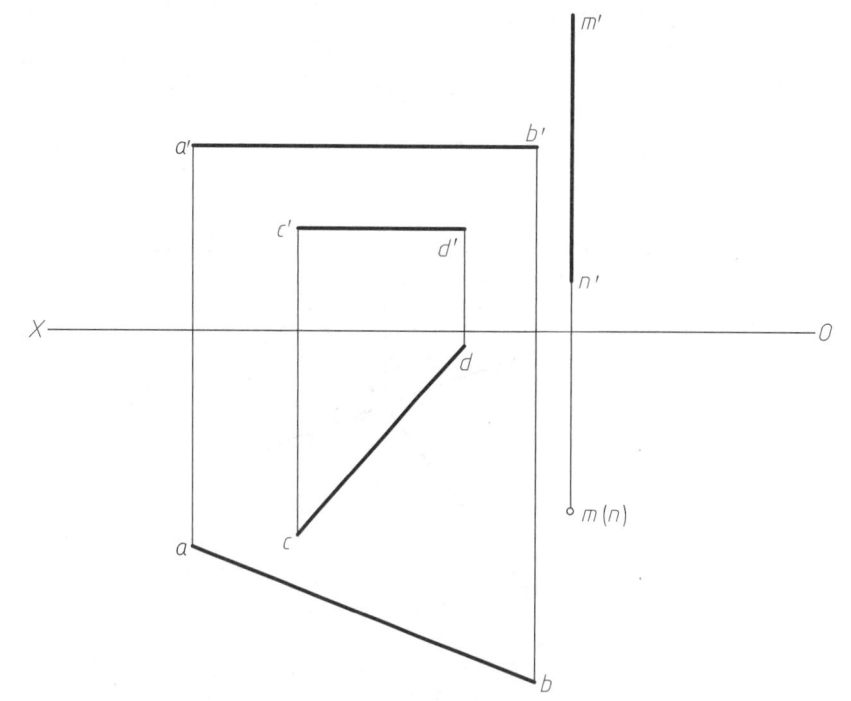

第 3 章 投影变换

3-1 直线的变换

1. 求直线 AB 与 H 面的夹角。

2. 求直线 AB 与 V 面的夹角。

3. 求点 D 到直线 AB 的距离，并标出垂足 K 的投影。

4. 求平行两直线之间的距离。

| 3-2　平面的变换 | 学号　　　姓名　　　22 |

1. 求三角形 ABC 与 H 面的夹角。

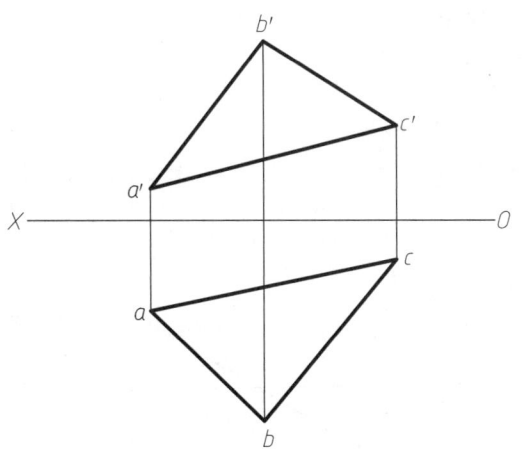

2. 求三角形 ABC 与 V 面的夹角。

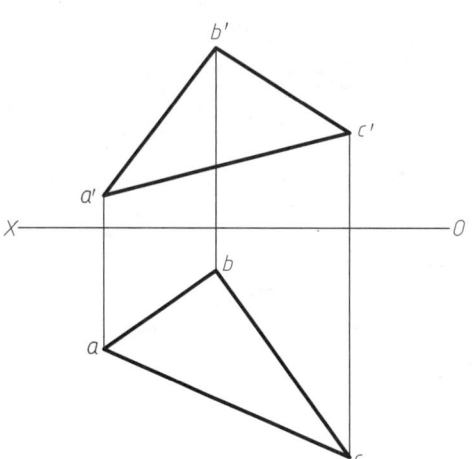

3. 已知三角形 ABC 的 H 面投影及 AB 边的 V 面投影，且∠BAC = 45°，用换面法完成三角形的 V 面投影。

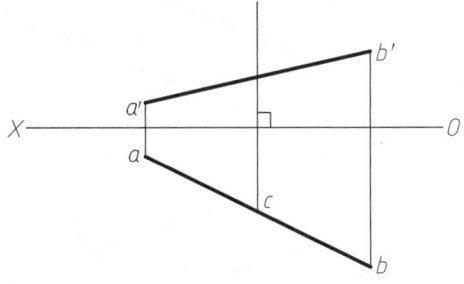

4. 以直线 AB 为底边作等腰三角形 ABC，已知三角形高为 30mm，并与 H 面夹角成 45°，用换面法完成该三角形的两面投影。

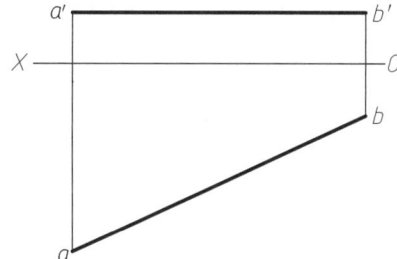

| 3-3 综合练习 | 学号　　　姓名　　　23 |

1. 在三角形 ABC 内找一点 K，使点 K 到点 B、C 的距离均为 21mm。

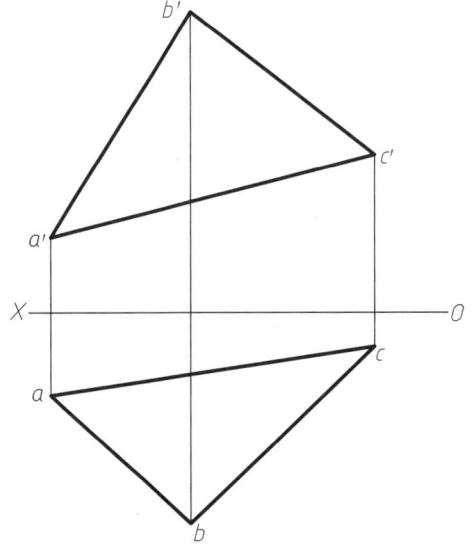

2. 已知直线 DE 与三角形 ABC 平行，且距离为 10mm，用换面法求直线 DE 的 V 面投影。

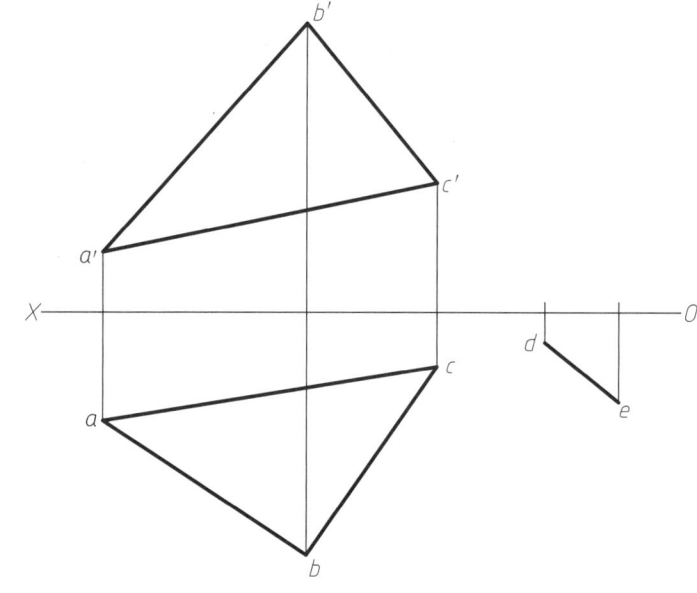

3. 用换面法求点 D 到三角形 ABC 的距离，并求垂足 K 的投影。

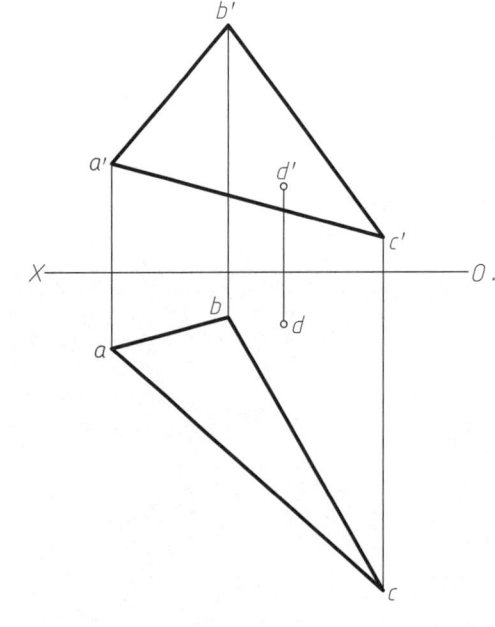

4. 已知直线 MN 与三角形 ABC 相交于点 K，求其两面投影，并判断可见性。

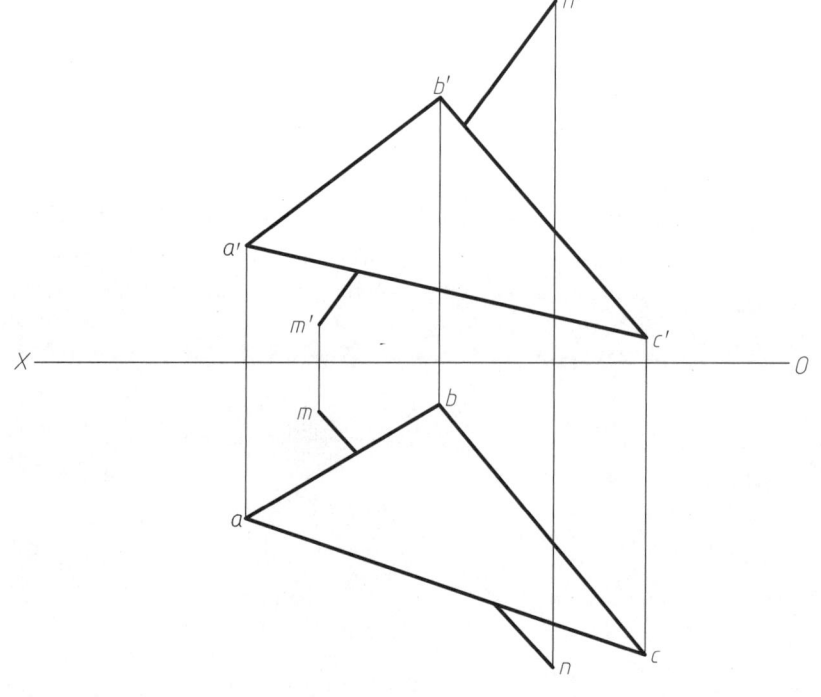

3-3 综合练习（续）

5. 作直线 CD 与 AB 相交，交点为 D，且夹角为 60°，任求一解即可。

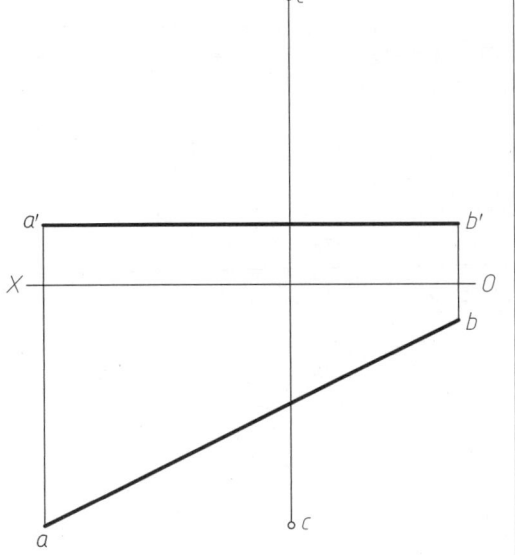

6. 求两三角形 ABC、DEF 交线 KL 的两面投影，并判断可见性。

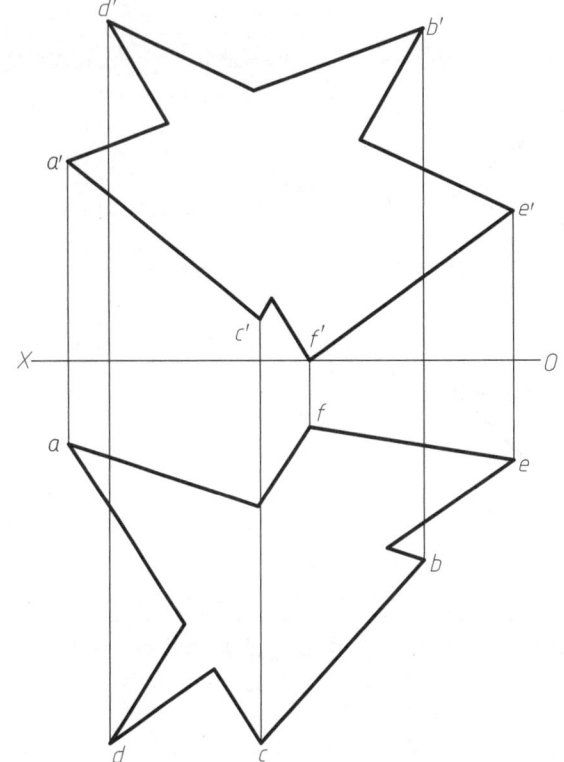

3-3 综合练习（续）

7. 试用一段管道 *KL* 将 *EF* 和 *GH* 两段管道连接起来。
   （1）求 *KL* 的最短距离的实长；（2）求 *KL* 的投影。

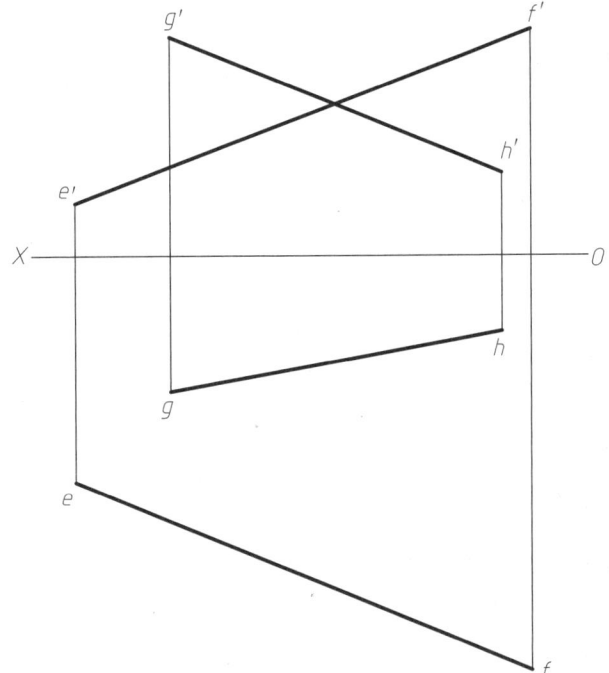

8. 求两平面的夹角。

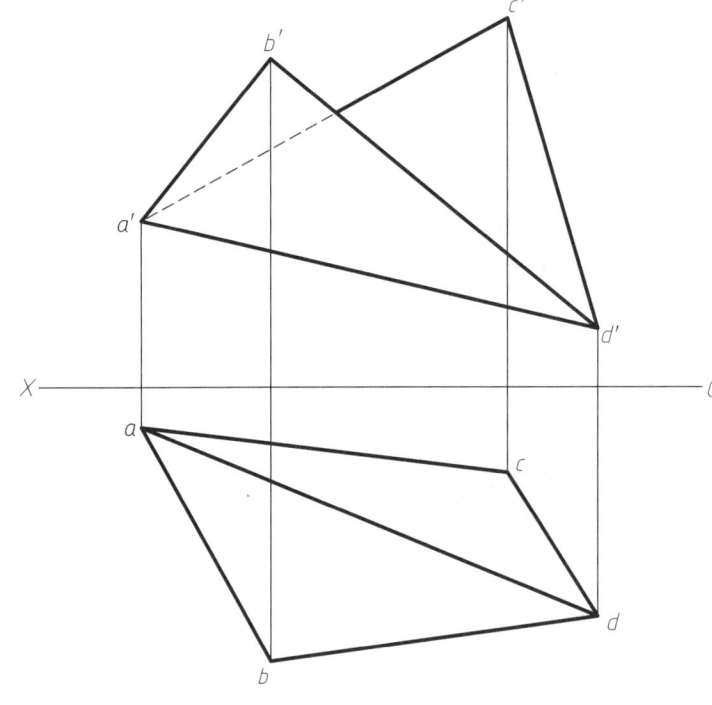

第4章 立体的投影

4-1 平面立体及其表面上点和线的投影

1. 补画正五棱柱的 H 面投影,并完成其表面上点的其余投影。

2. 补画正六棱柱的 W 面投影,并完成其表面上线的其余投影。

3. 补画正三棱锥的 W 面投影,并完成其表面上点的其余投影。

4. 补画正三棱锥的 W 面投影,并完成其表面上线的其余投影。

4-2 平面截切平面立体

1. 完成正六棱柱被截切后的 *H* 面及 *W* 面投影。

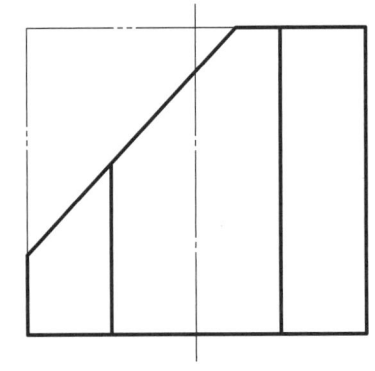
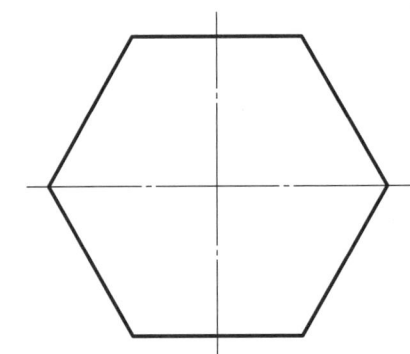

2. 完成正三棱柱被截切后的 *W* 面投影。

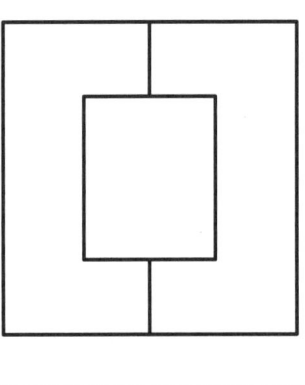
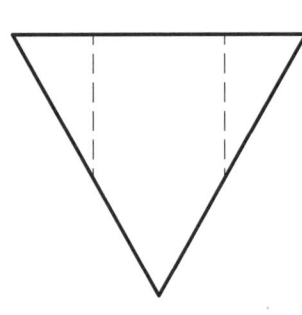

3. 完成正四棱柱被截切后的 *W* 面投影。

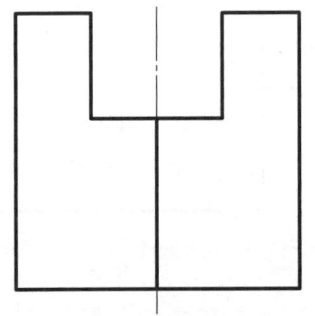
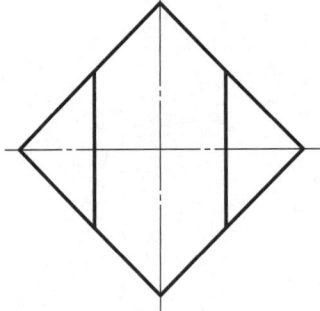

4. 完成正三棱柱被截切后的 *W* 面投影。

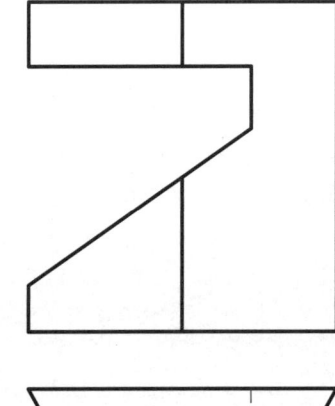
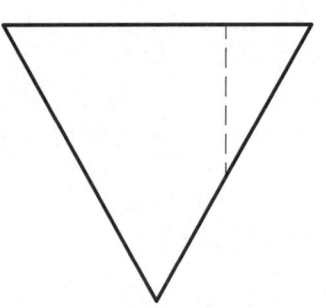

4-2 平面截切平面立体（续）

5. 完成正三棱锥被截切后的 H 面及 W 面投影。

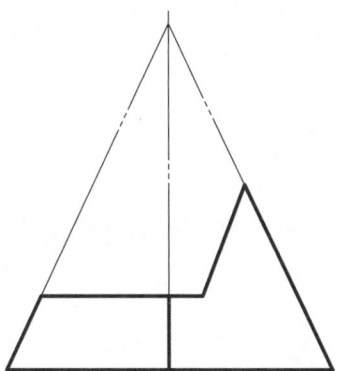

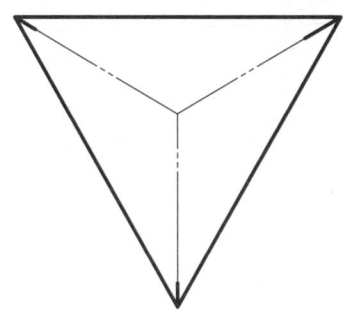

6. 完成正三棱锥被截切后的 H 面及 W 面投影。

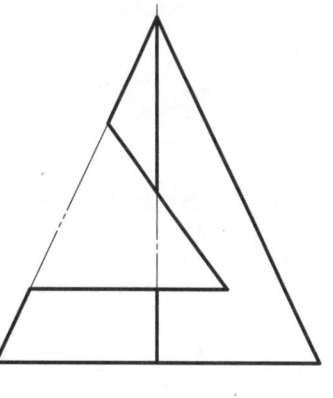

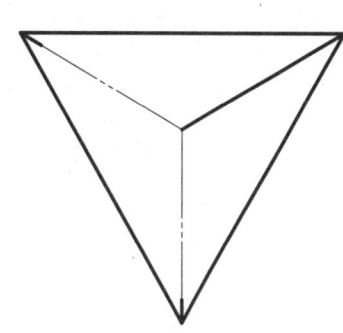

7. 完成正四棱台被截切后的 H 面及 W 面投影。

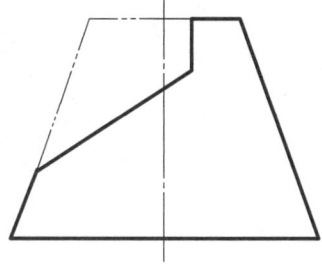

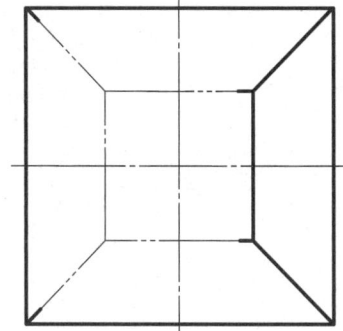

8. 完成下面形体的 W 面投影，并判断平面与投影面的相对位置。

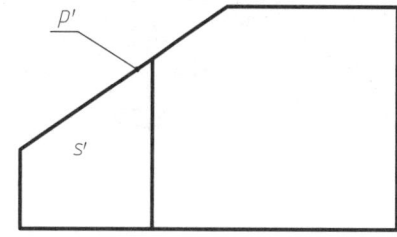
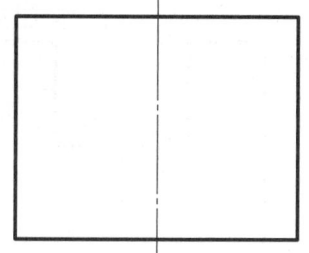
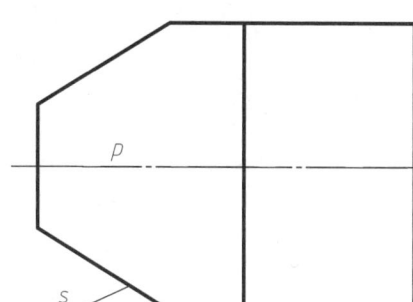

(1) P 平面是_____
(2) S 平面是_____

4-3 曲面立体的投影及表面上点和线的投影

1. 根据圆柱面上点的已知投影求其余两面投影。

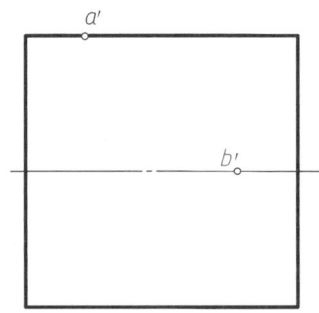
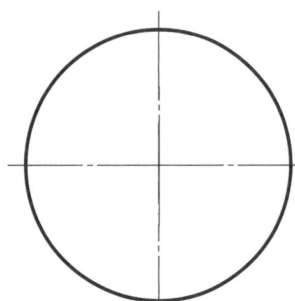
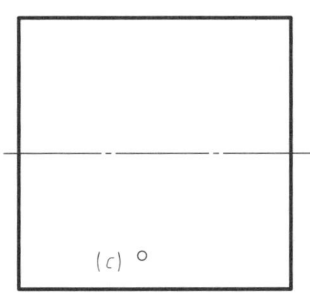

2. 根据圆柱面上线段的已知投影求其余两面投影。

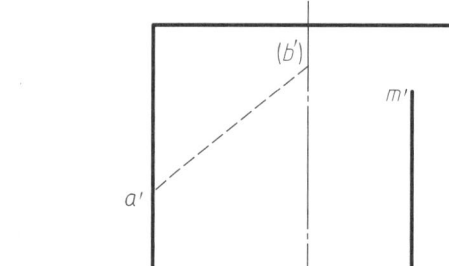
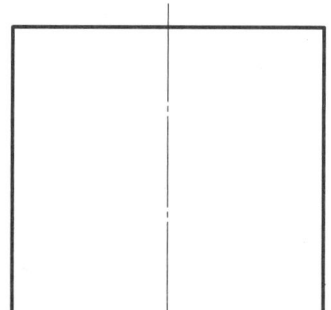
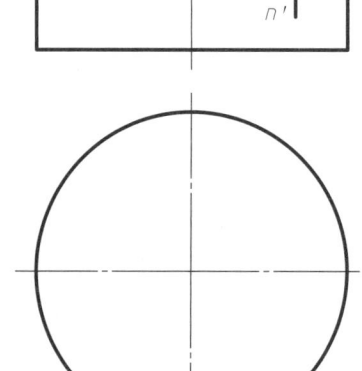

3. 根据圆锥面上点的已知投影求其余两面投影。

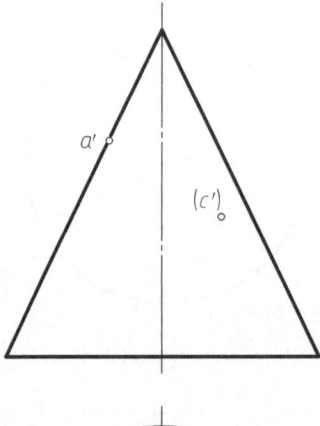
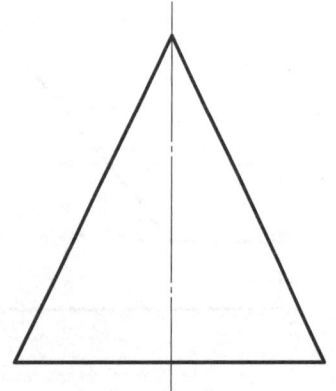
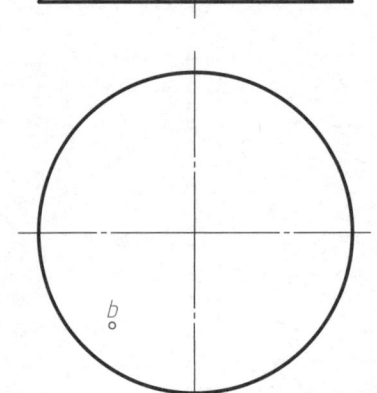

4. 根据圆球面上点的已知投影求其余两面投影。

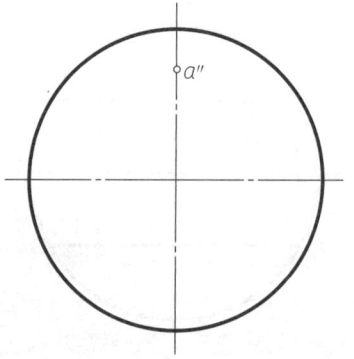
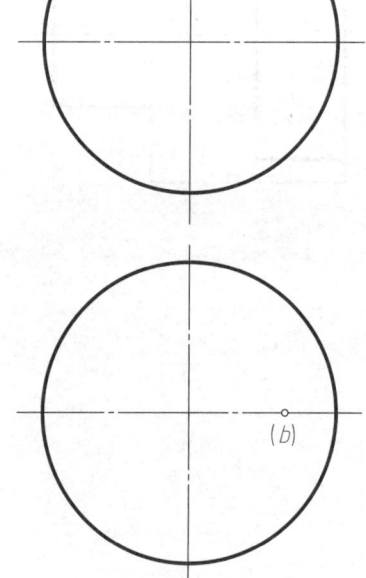

| 4-4 补全曲面立体被截切后的投影 | 学号　　　姓名　　　 30 |

1. 画出曲面立体的 W 面投影。

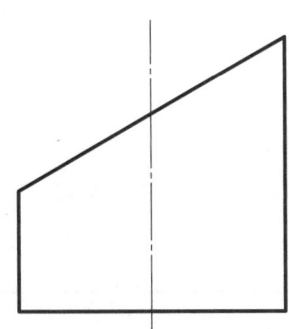

2. 画出曲面立体的 W 面投影。

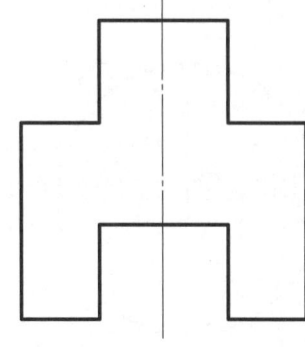

3. 画出曲面立体的 H 面投影。

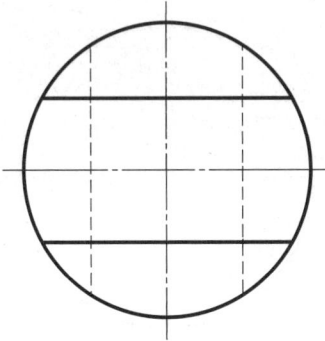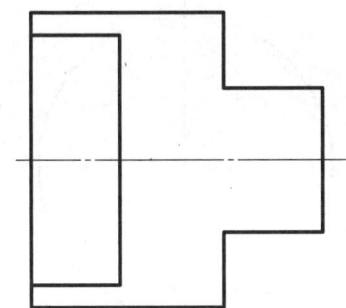

4. 完成曲面立体的 H 面及 W 面投影。

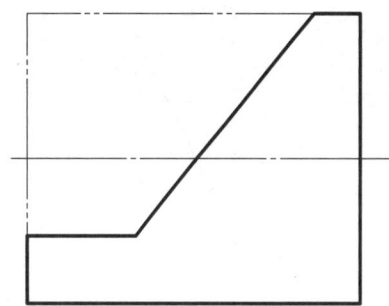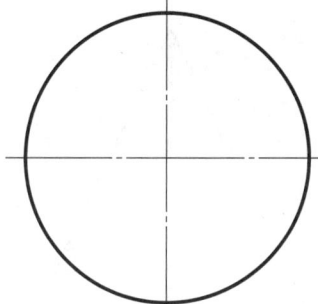

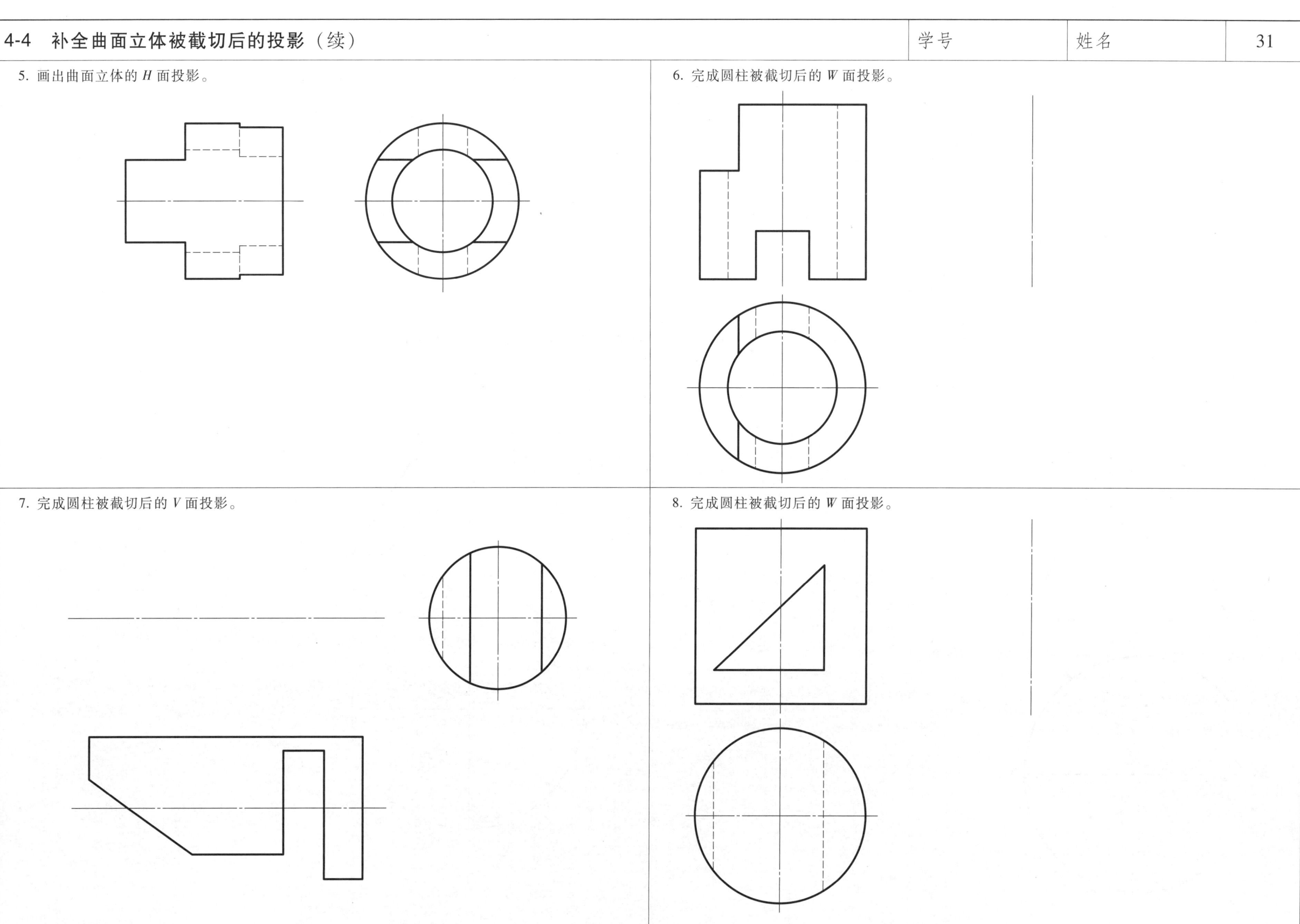

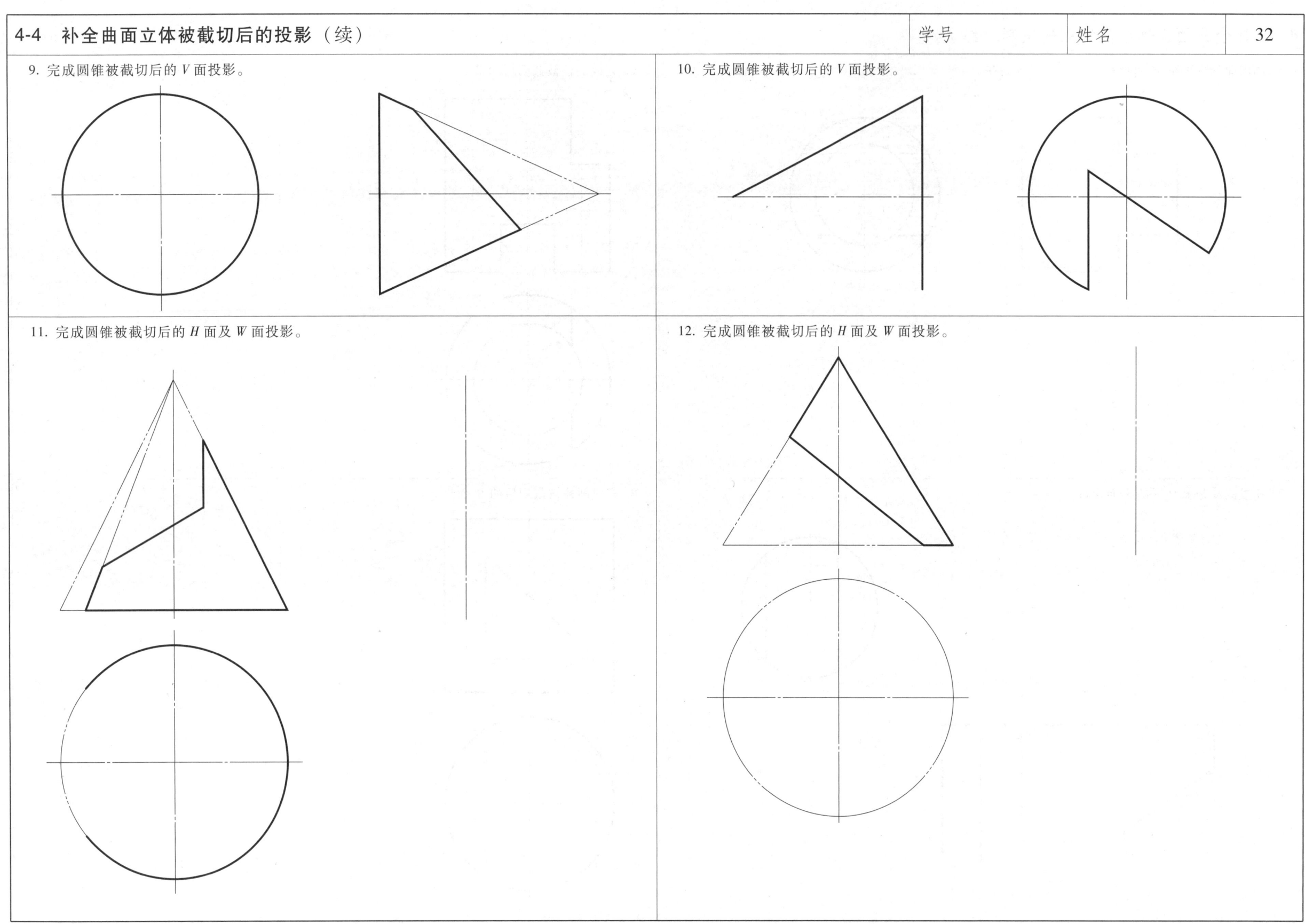

4-4 补全曲面立体被截切后的投影（续）

13. 完成圆锥被截切后的 H 面及 W 面投影。

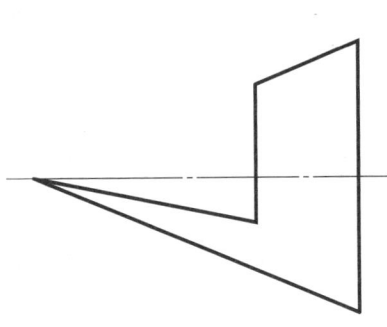
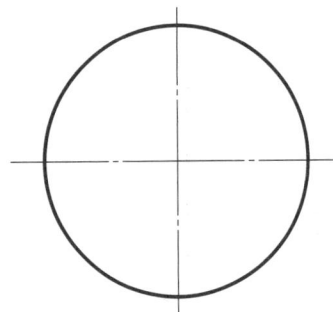

14. 完成圆锥被截切后的 H 面及 W 面投影。

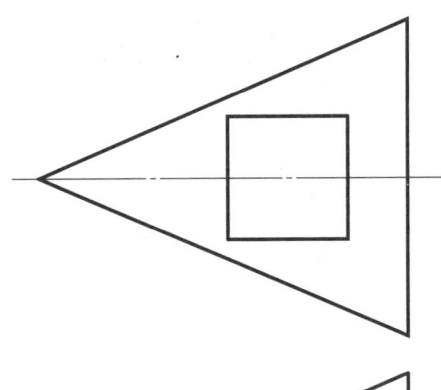
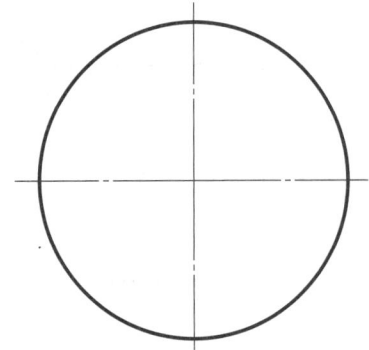

15. 完成圆球被截切后的 H 面及 W 面投影。

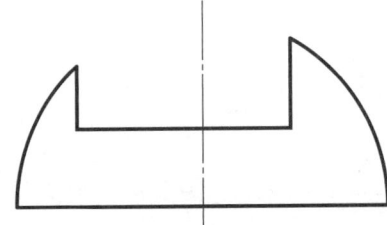
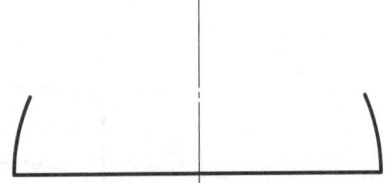
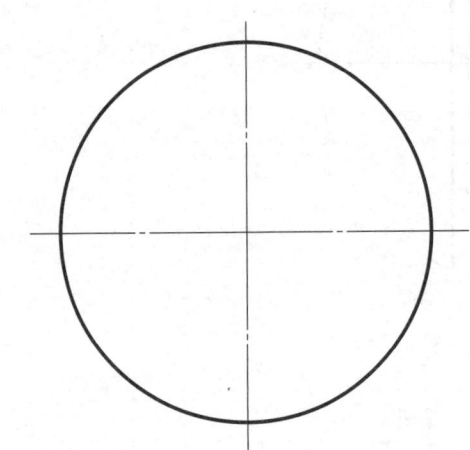

16. 完成圆球被截切后的 H 面及 W 面投影。

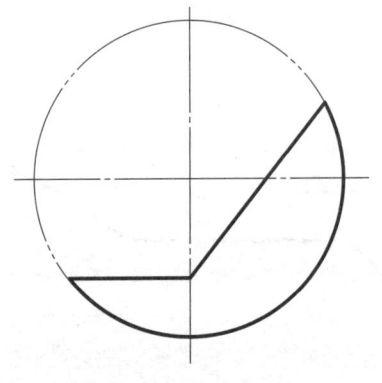
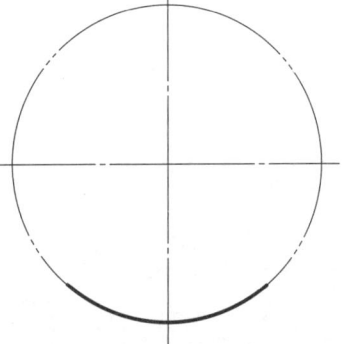
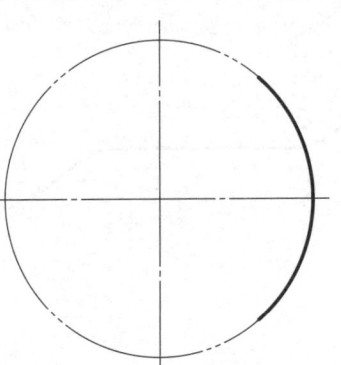

4-5 分析组合回转体被平面截切后的投影

学号　　　姓名

1. 完成组合回转体被截切后的 H 面投影。

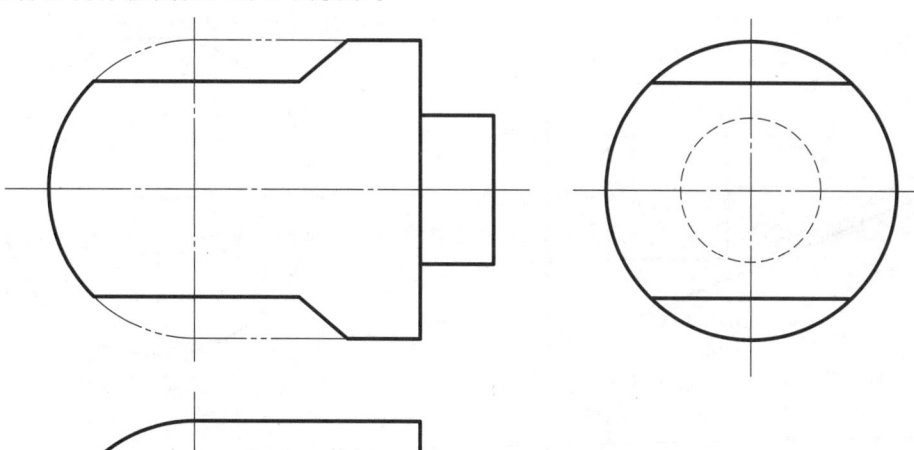

2. 完成组合回转体被截切后的 H 面投影。

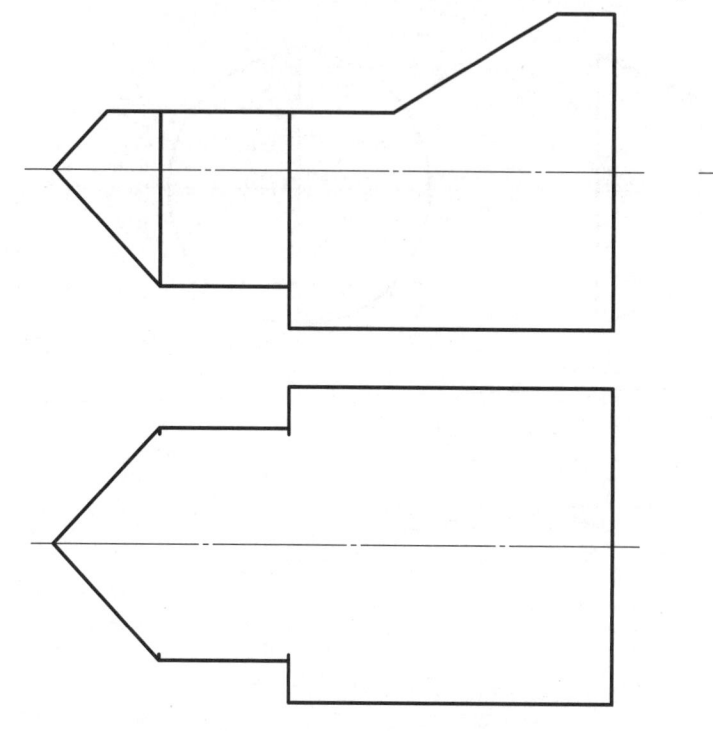

3. 完成组合回转体被截切后的 V 面投影（图中标出的十字表示环面的圆心位置）。

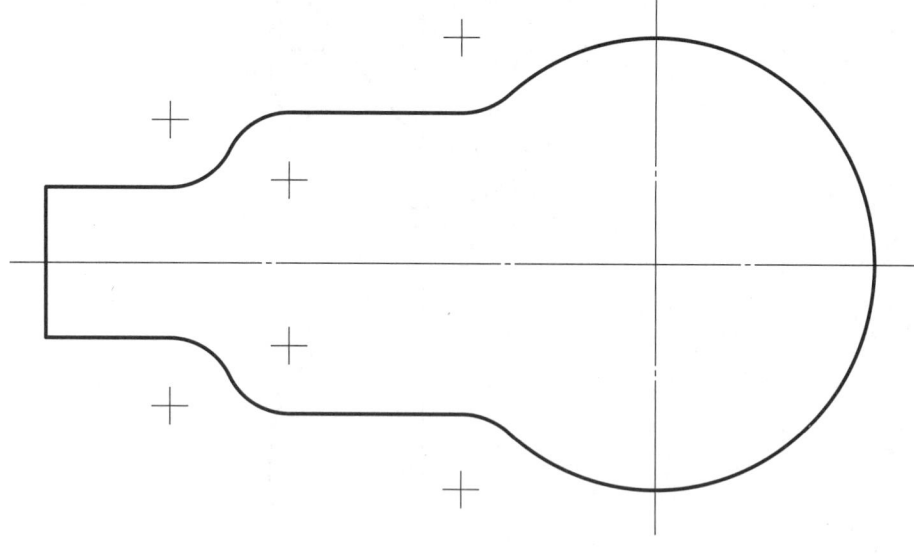
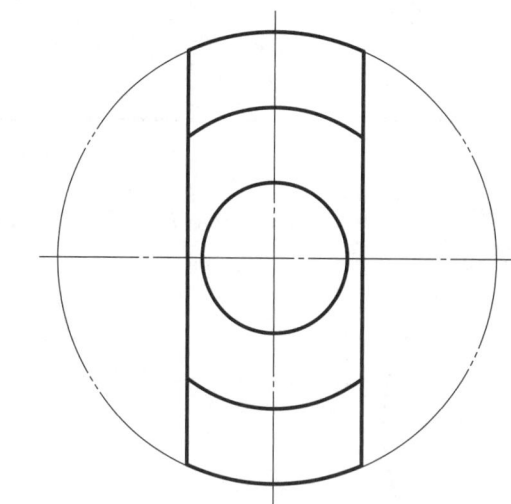

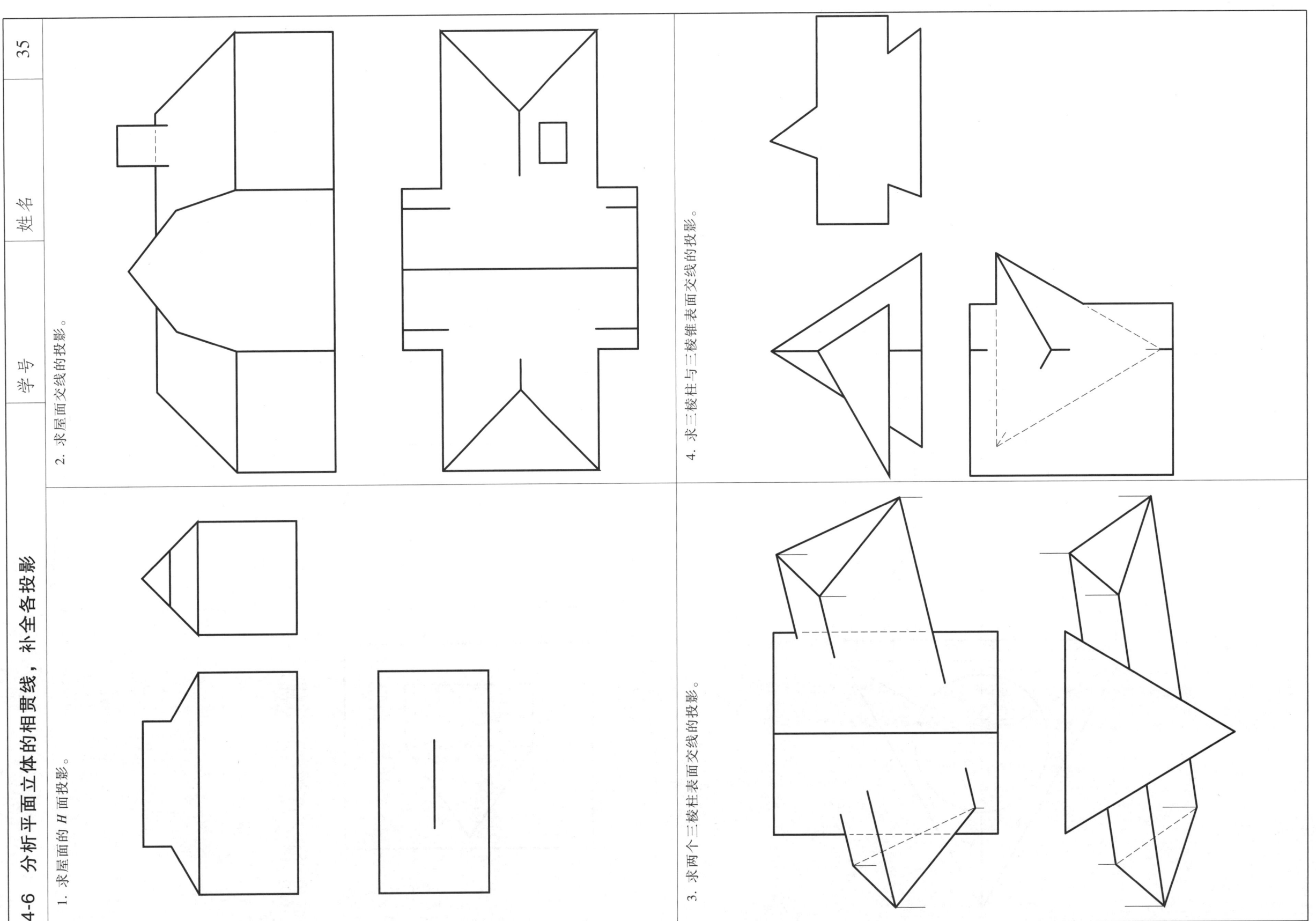

4-6 分析平面立体的相贯线，补全各投影（续）

5. 已知同坡屋面 α = 30°，以及檐口线的 H 面投影，求屋面交线的 H 面投影和屋面的 V 面、W 面投影。

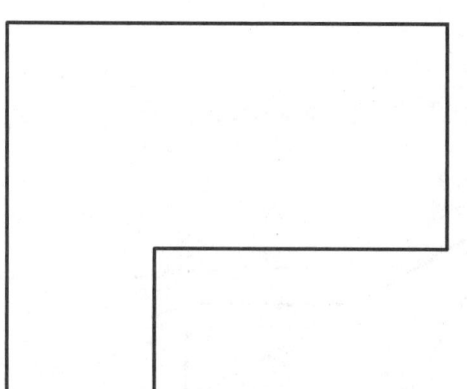

6. 已知同坡屋面 α = 30°，以及檐口线的 H 面投影，求屋面交线的 H 面投影和屋面的 V 面、W 面投影。

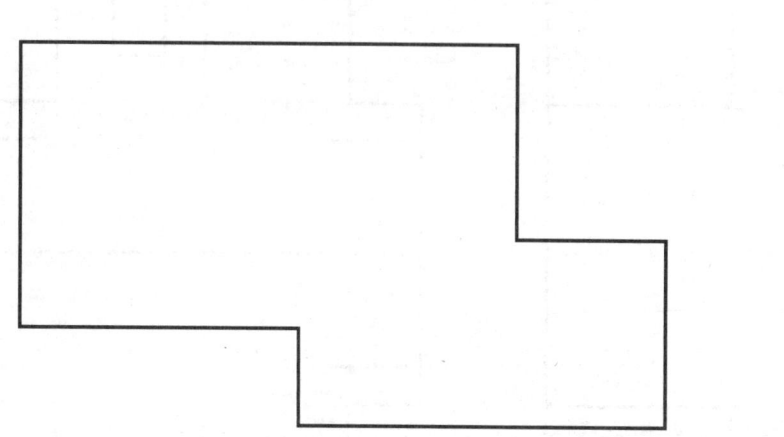

4-7 分析平面和曲面立体的相贯线，补全各投影

1. 完成形体的 V 面投影。

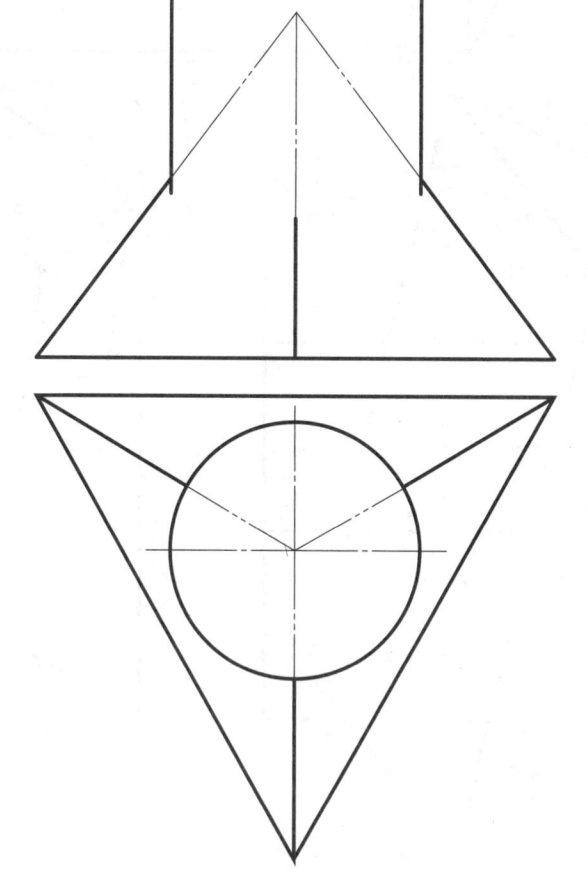

2. 完成形体的 V 面投影。

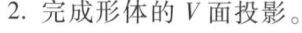
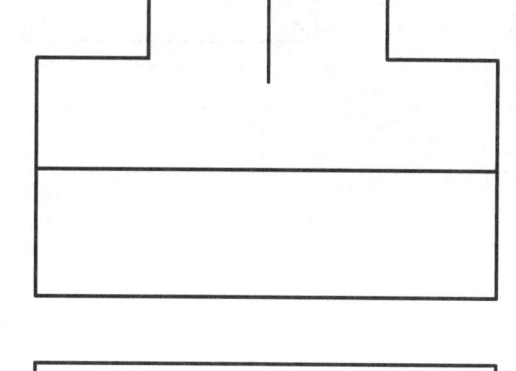
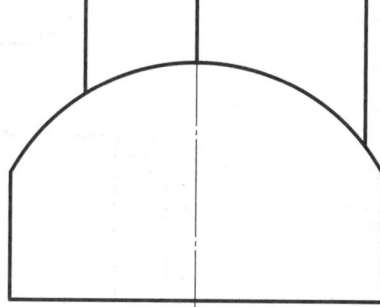
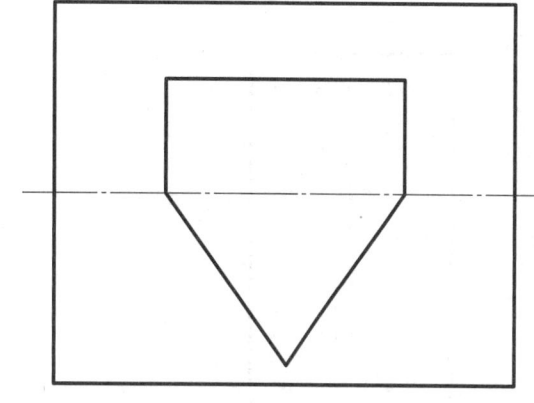

4-8 分析曲面立体的相贯线，并补全各投影

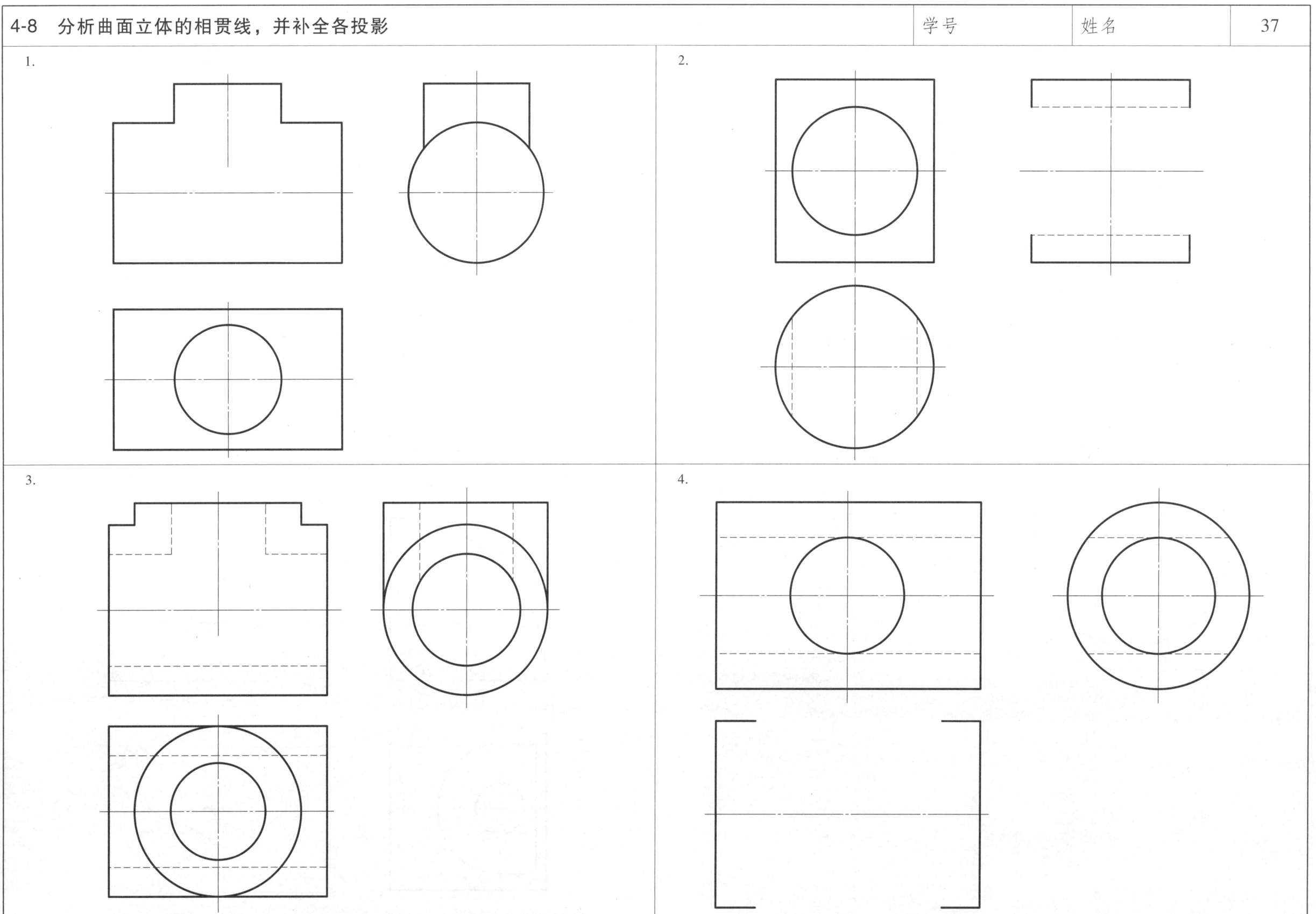

4-8 分析曲面立体的相贯线，并补全各投影（续）

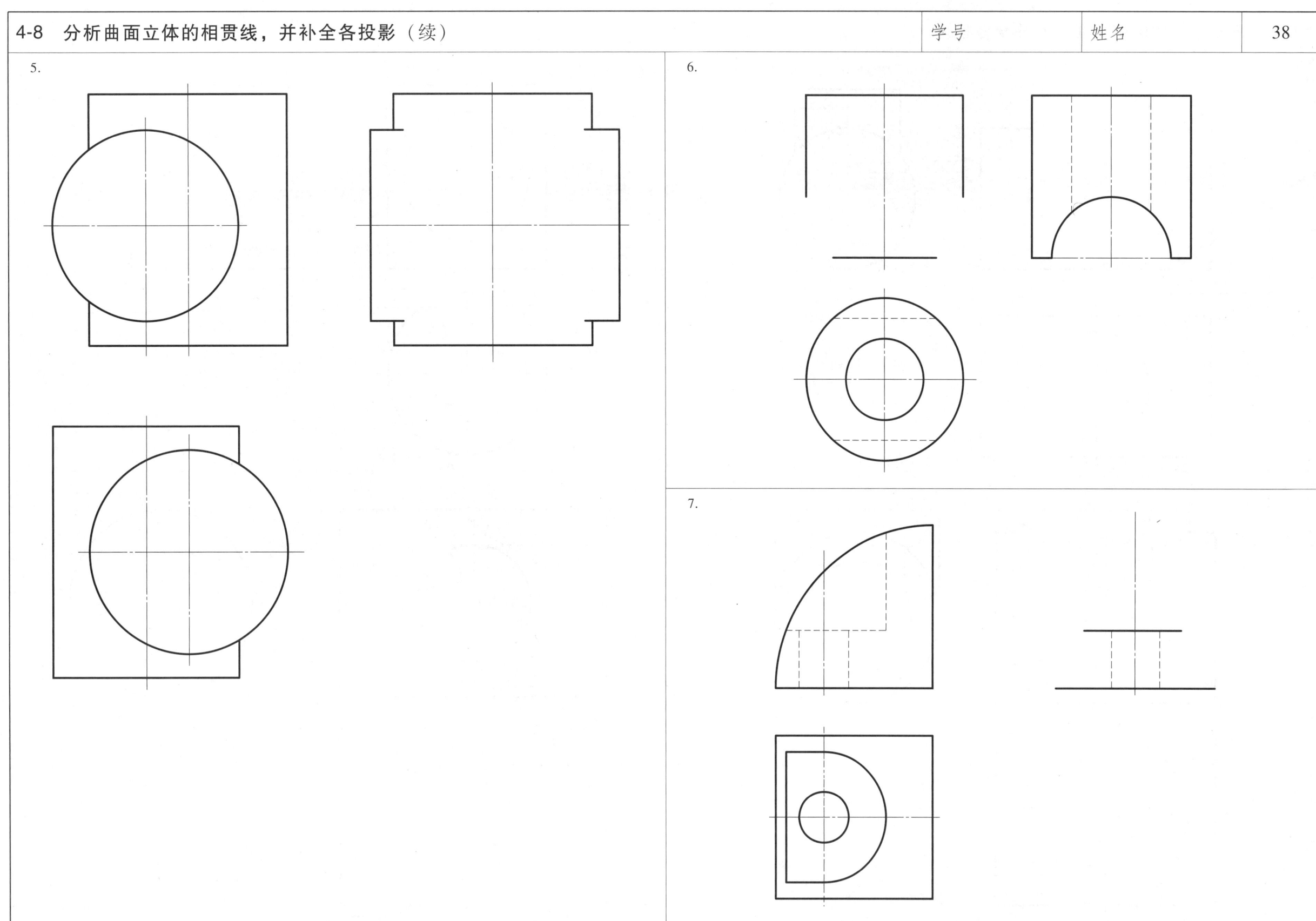

4-8 分析曲面立体的相贯线，并补全各投影（续）

8. 完成曲面立体的 H 面及 W 面的投影。

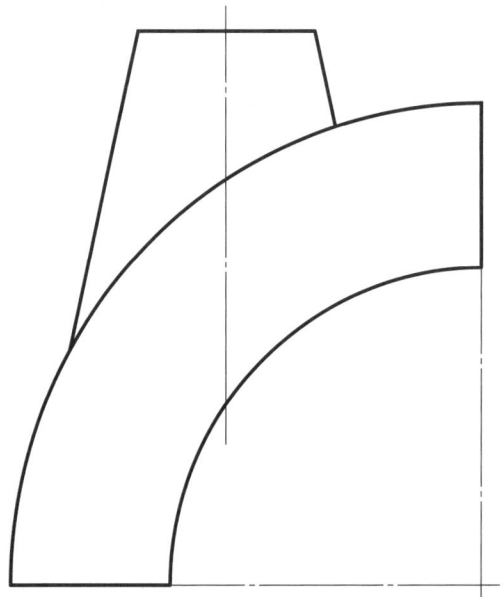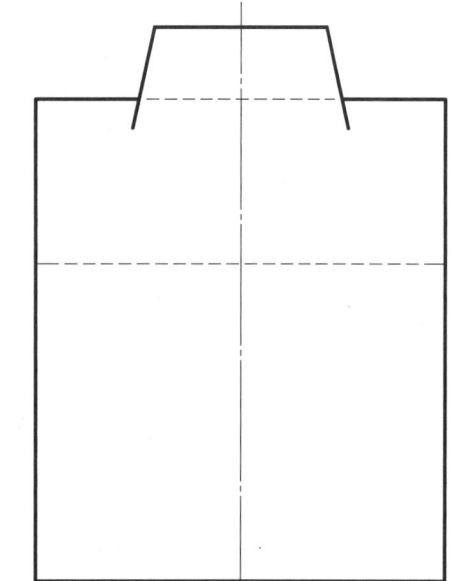

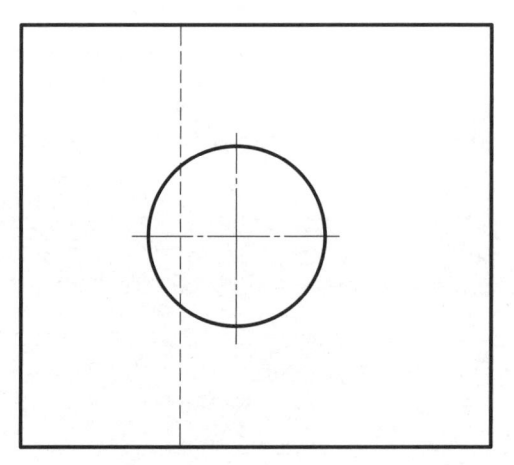

9. 完成曲面立体的 V 面及 W 面投影。

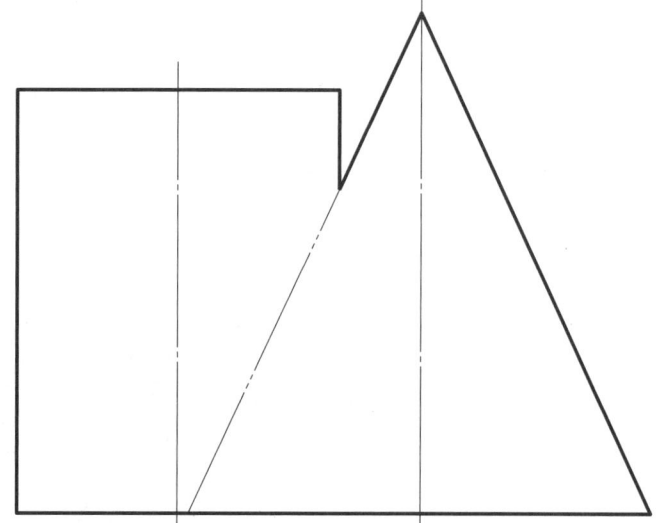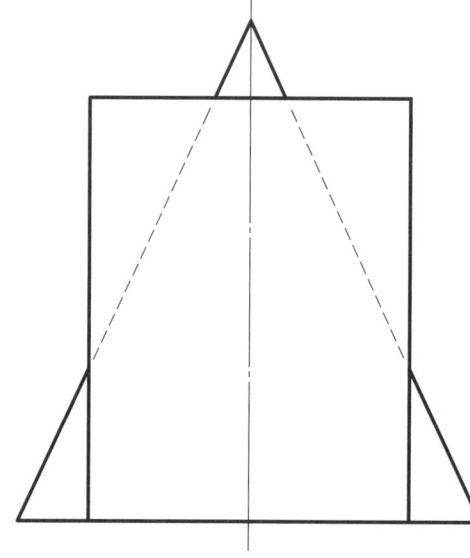

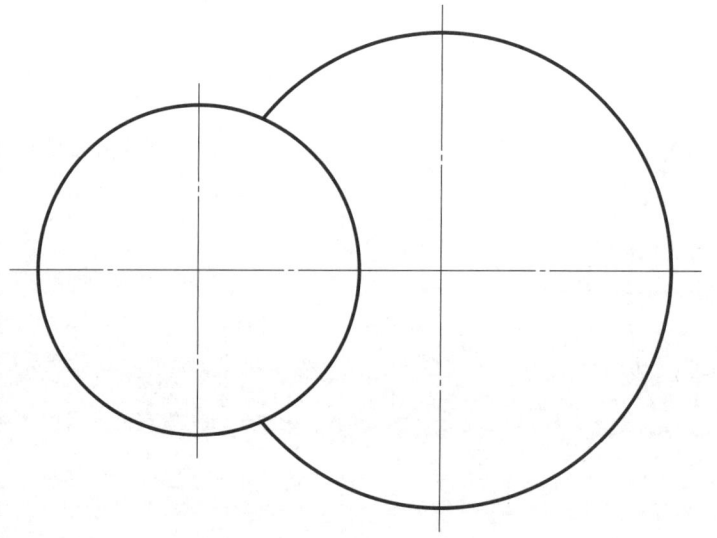

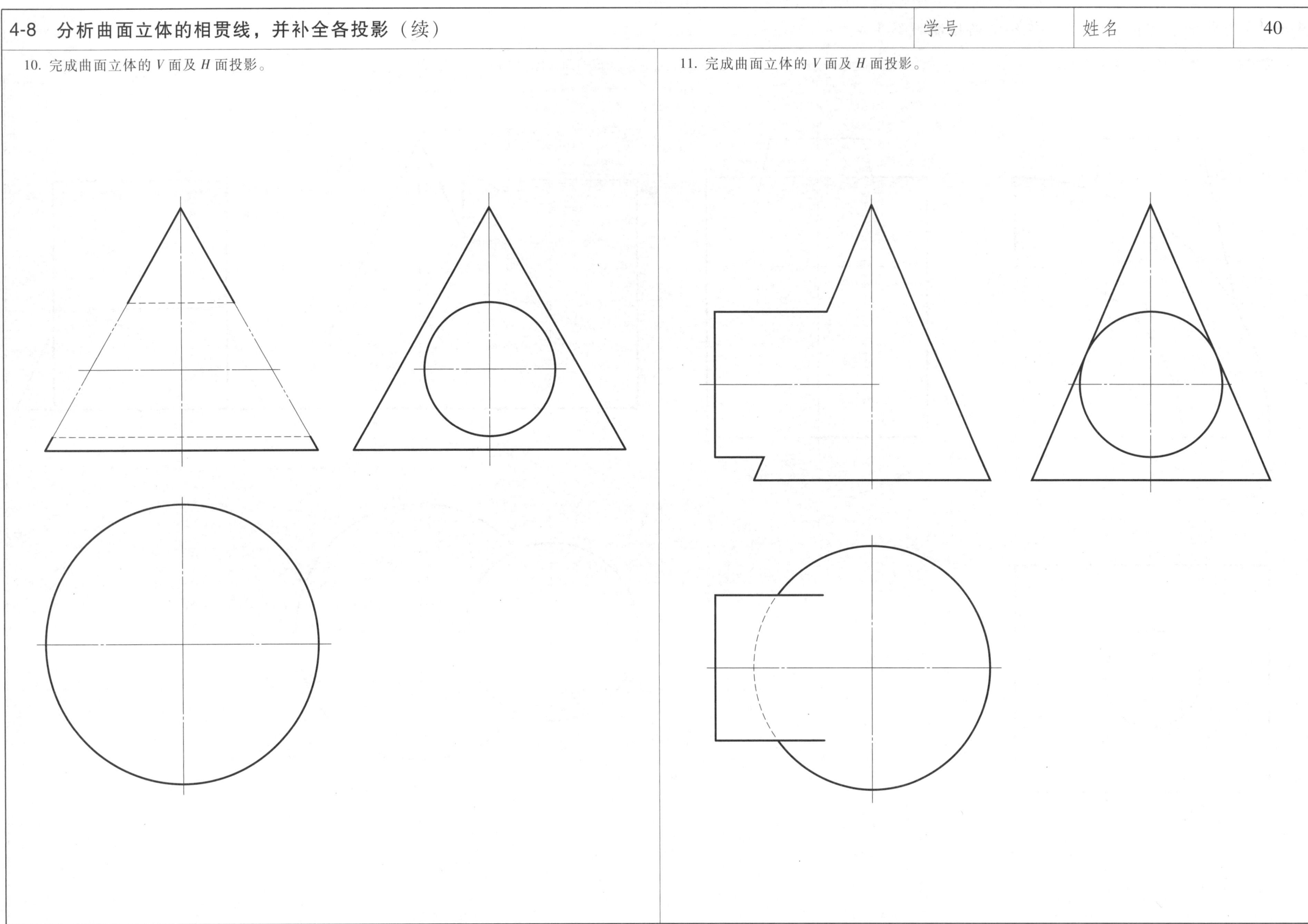

| 4-8 分析曲面立体的相贯线，并补全各投影（续） | 学号 | 姓名 | 41 |

12. 完成曲面立体的 V 面及 H 面投影。

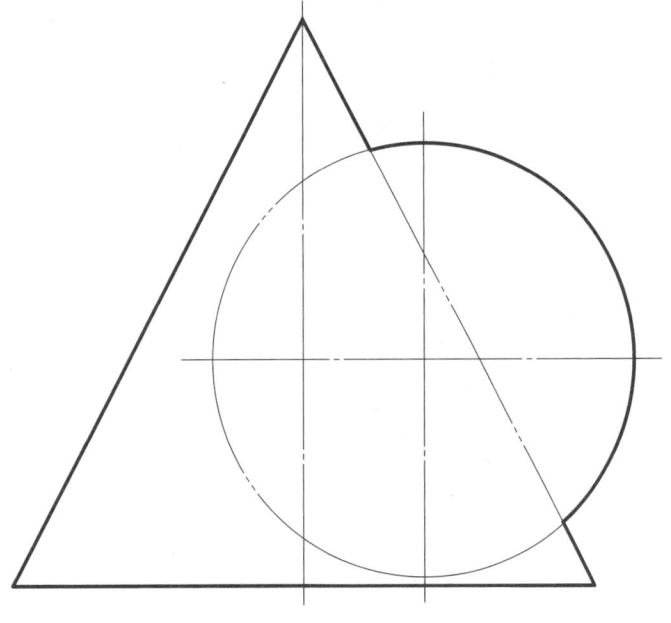

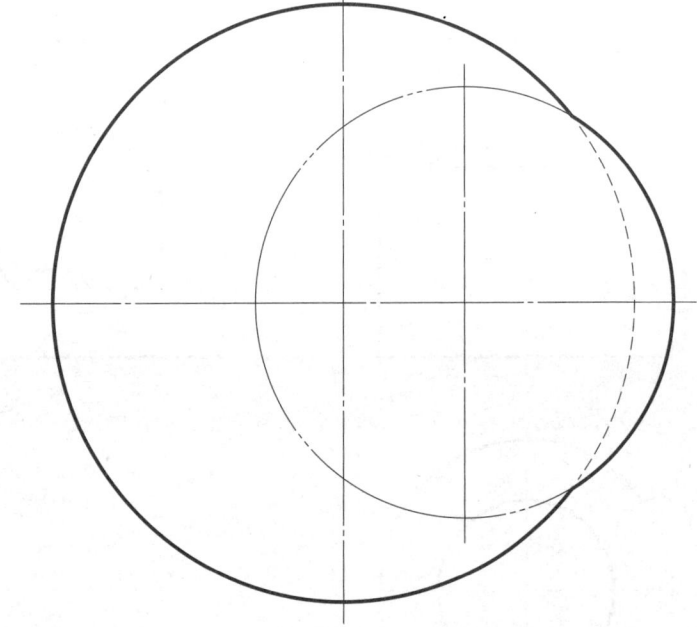

13. 完成曲面立体的 V 面及 H 面投影。

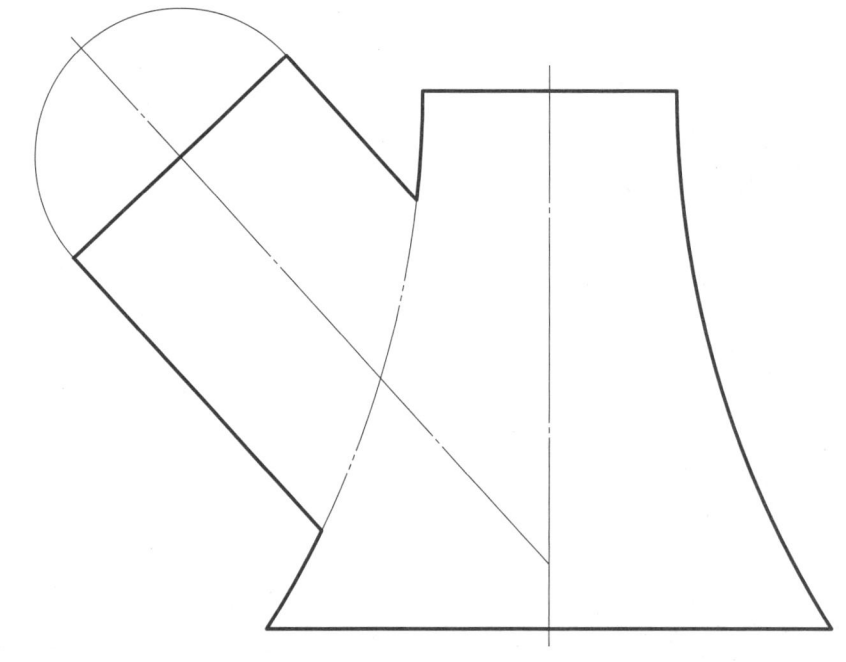

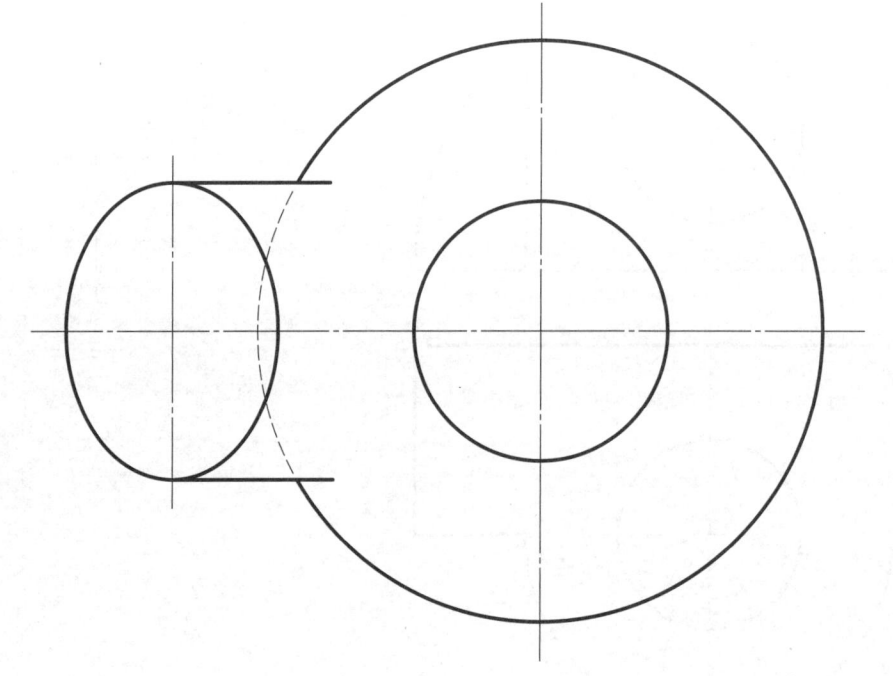

| 4-8 分析曲面立体的相贯线，并补全各投影（续） | 学号　　　姓名　　　42 |

14. 完成曲面立体的 H 面及 W 面投影。

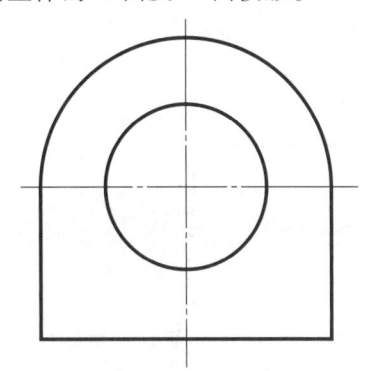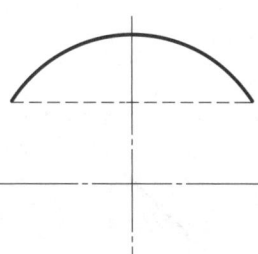

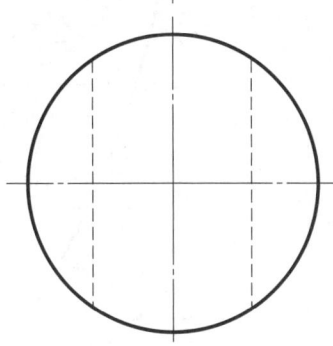

15. 完成曲面立体的 W 面投影。

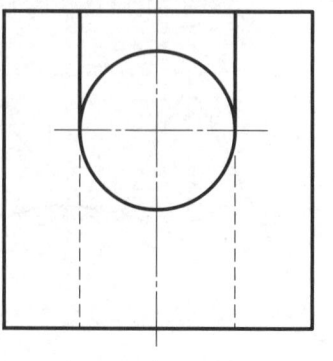

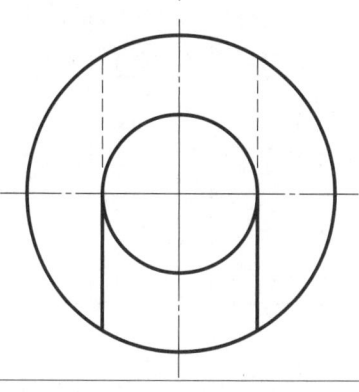

16. 完成曲面立体的 W 面投影。

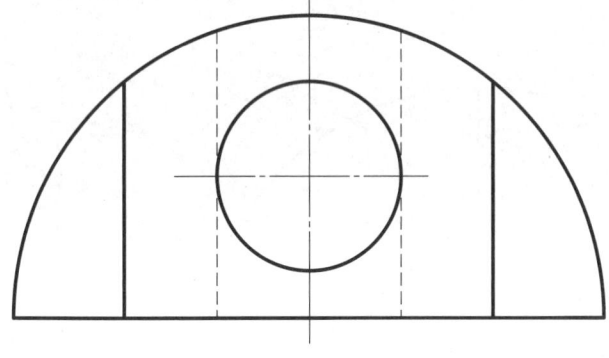

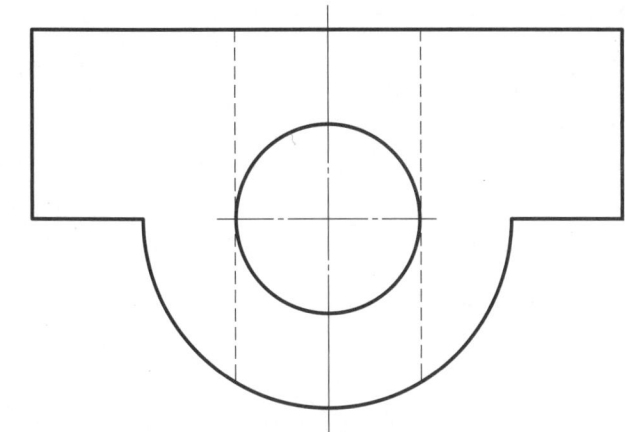

17. 完成曲面立体的 V 面及 H 面投影（两小圆柱直径相等）。

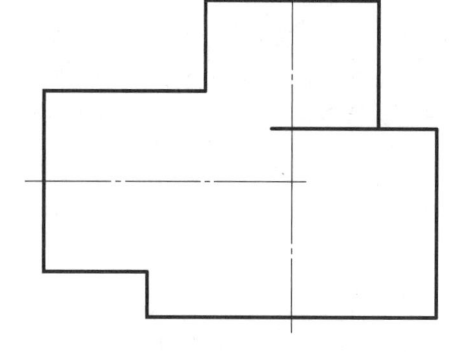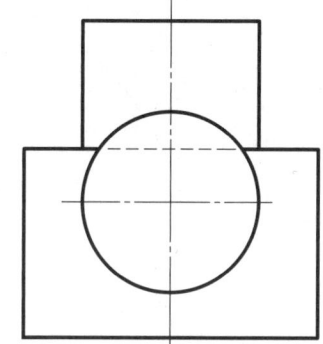

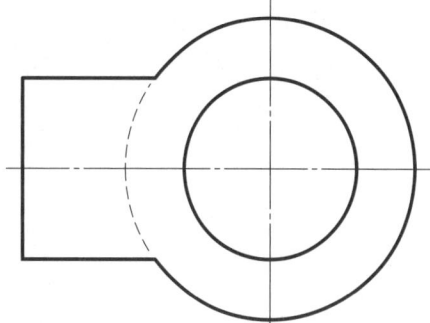

4-9 判断题（平面与立体相交）

1. 已知圆柱被截切后的 V 面和 H 面投影，正确的 W 面投影是（　　　）。

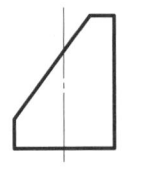 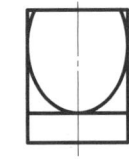 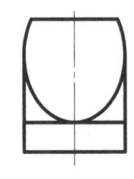 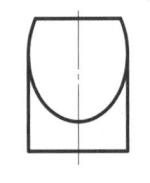 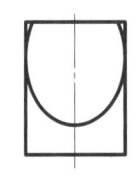

　　　　　　　(A)　　　　　　(B)　　　　　　(C)　　　　　　(D)

2. 已知圆柱被截切后的 V 面和 H 面投影，正确的 W 面投影是（　　　）。

 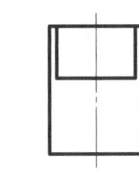 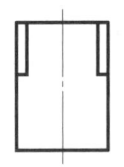 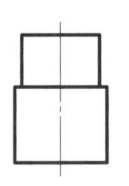

　　　　　　(A)　　　　　　(B)　　　　　　(C)　　　　　　(D)

3. 已知圆柱被截切后的 V 面和 H 面投影，正确的 W 面投影是（　　　）。

 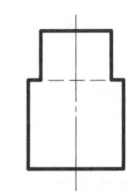 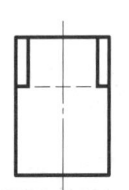 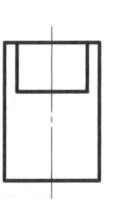

　　　　　　(A)　　　　　　(B)　　　　　　(C)　　　　　　(D)

4. 已知圆球被截切后的 V 面投影，正确的 W 面投影是（　　　）。

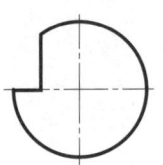 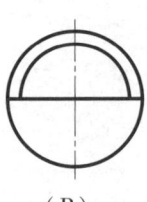  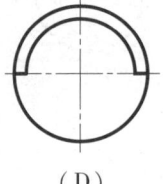

　　　　　　(A)　　　　　　(B)　　　　　　(C)　　　　　　(D)

5. 已知圆锥被平面截切，其投影正确的是（　　　）。

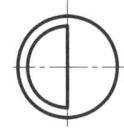 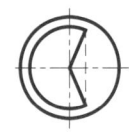 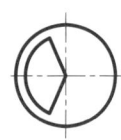 

　　　　　(A)　　　　　　(B)　　　　　　(C)　　　　　　(D)

6. 已知圆锥被截切后的 V 面和 H 面投影，正确的 W 面投影是（　　　）。

 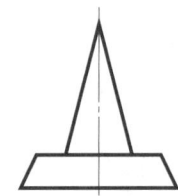 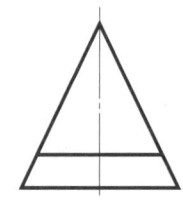 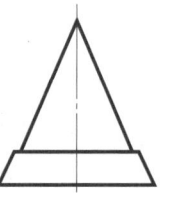

　　　　　(A)　　　　　　(B)　　　　　　(C)　　　　　　(D)

7. 已知圆球被截切后的 V 面投影，正确的 W 面投影是（　　　）。

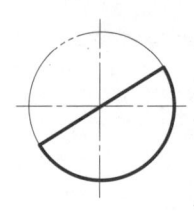 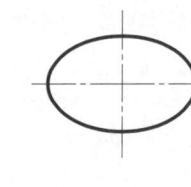 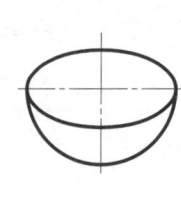 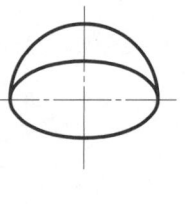 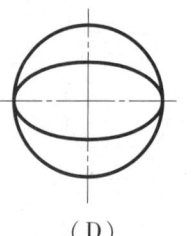

　　　　　(A)　　　　　　(B)　　　　　　(C)　　　　　　(D)

4-9 判断题（立体与立体相交） 　　学号　　　姓名　　44

8. 已知形体的 V 面和 H 面投影，正确的 W 面投影是（　　　　）。

 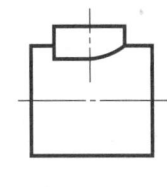 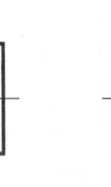 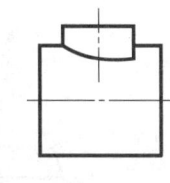 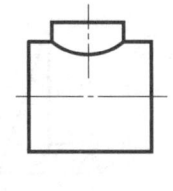
　　　　　　(A)　　　(B)　　　(C)　　　(D)

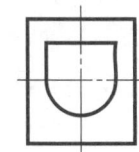

9. 已知圆柱与圆锥相贯的 V 面投影，正确的 W 面投影是（　　　　）。

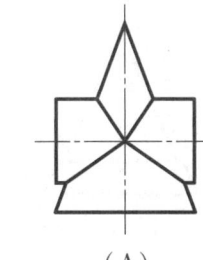 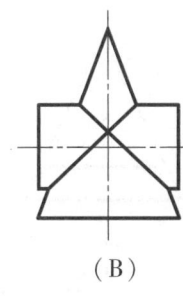 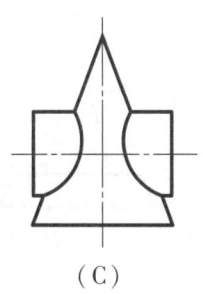 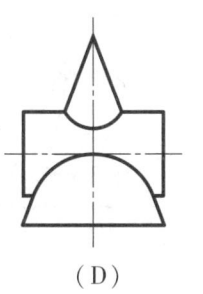
　　　(A)　　　　(B)　　　　(C)　　　　(D)

10. 已知形体的 V 面和 H 面投影，正确的 W 面投影是（　　　　）。

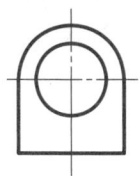 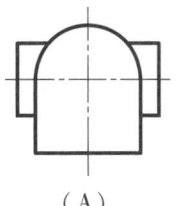 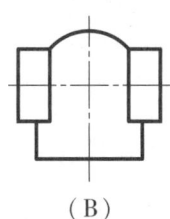 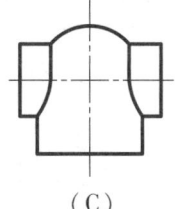 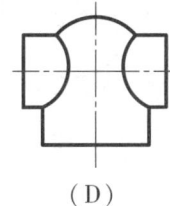
　　　　　(A)　　　(B)　　　(C)　　　(D)

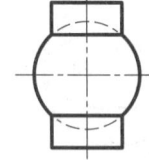

11. 已知形体的 V 面和 H 面投影，正确的 W 面投影是（　　　　）。

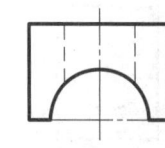 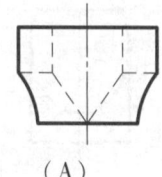 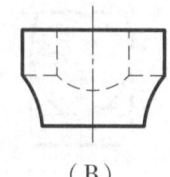 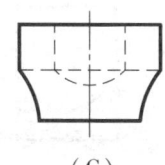 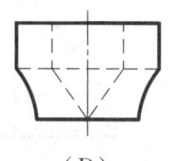
　　　　　(A)　　　(B)　　　(C)　　　(D)

12. 已知形体的 V 面和 H 面投影，正确的 W 面投影是（　　　　）。

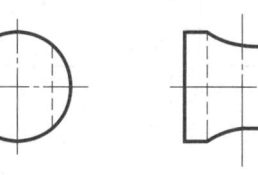 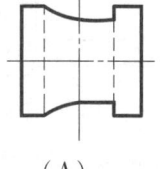 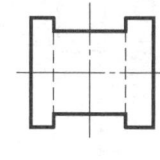 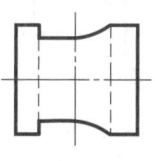 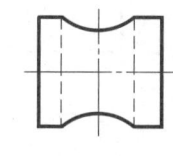
　　　　　(A)　　　(B)　　　(C)　　　(D)

13. 已知形体的 V 面和 H 面投影，正确的 W 面投影是（　　　　）。

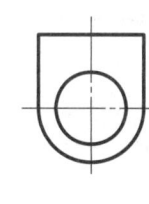 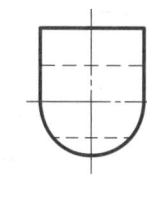 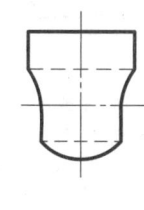 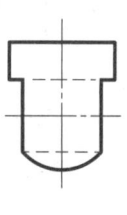 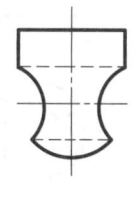
　　　　　(A)　　　(B)　　　(C)　　　(D)

4-9 判断题（平面与立体相交及立体与立体相交）

14. 已知形体的 V 面和 H 面投影，正确的 W 面投影是（　　　）。

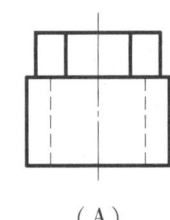 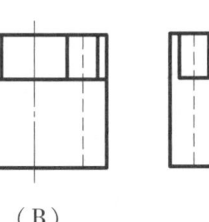 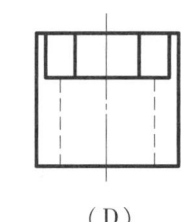

(A)　　　(B)　　　(C)　　　(D)

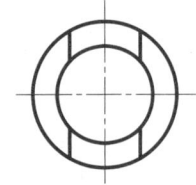

15. 已知圆柱与圆球相贯，正确的投影是（　　　）。

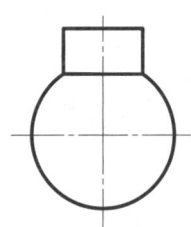 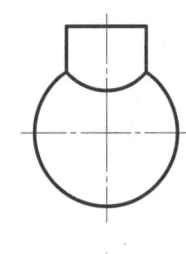 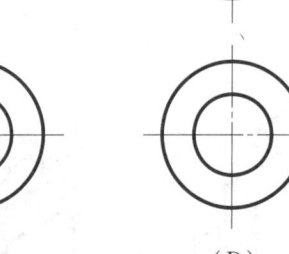
 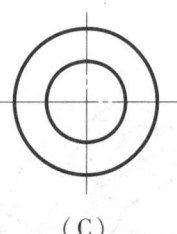

(A)　　　(B)　　　(C)　　　(D)

16. 已知圆球被截切后的 V 面投影，正确的 W 面投影是（　　　）。

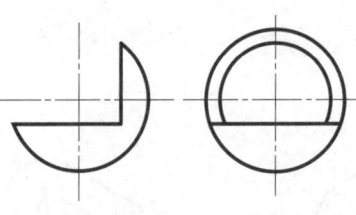  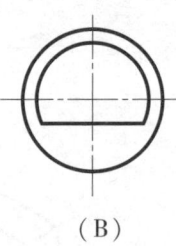 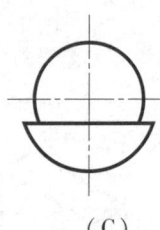 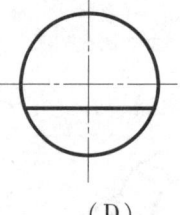

(A)　　　(B)　　　(C)　　　(D)

17. 已知形体的 V 面和 H 面投影，正确的 W 面投影是（　　　）。

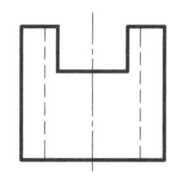 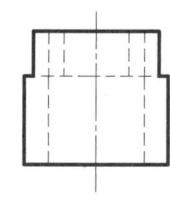 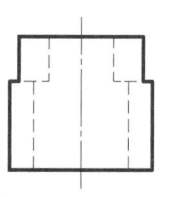 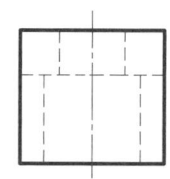

(A)　　　(B)　　　(C)　　　(D)

18. 已知形体的 V 面和 H 面投影，正确的 W 面投影是（　　　）。

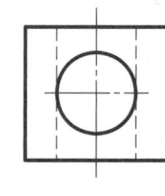 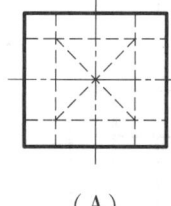 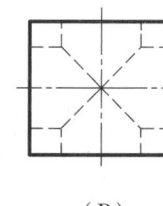 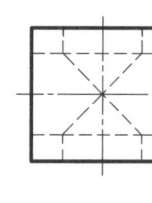 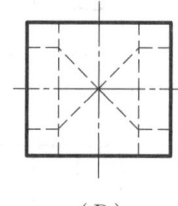

(A)　　　(B)　　　(C)　　　(D)

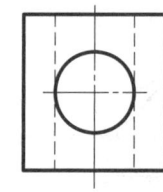

19. 已知形体的 V 面和 H 面投影，正确的 W 面投影是（　　　）。

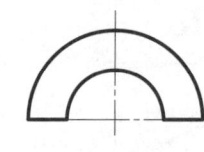 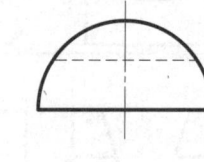 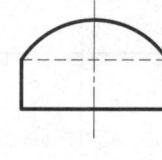 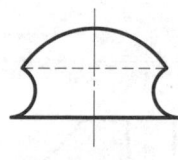 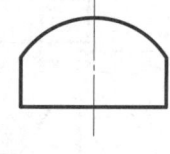

(A)　　　(B)　　　(C)　　　(D)

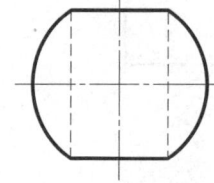

第5章 组合体的视图

| 5-1 | 选择与三视图对应的立体图，并在三视图旁写出其编号 | 学号 | 姓名 | 46 |

5-2　补全三视图中缺少的线

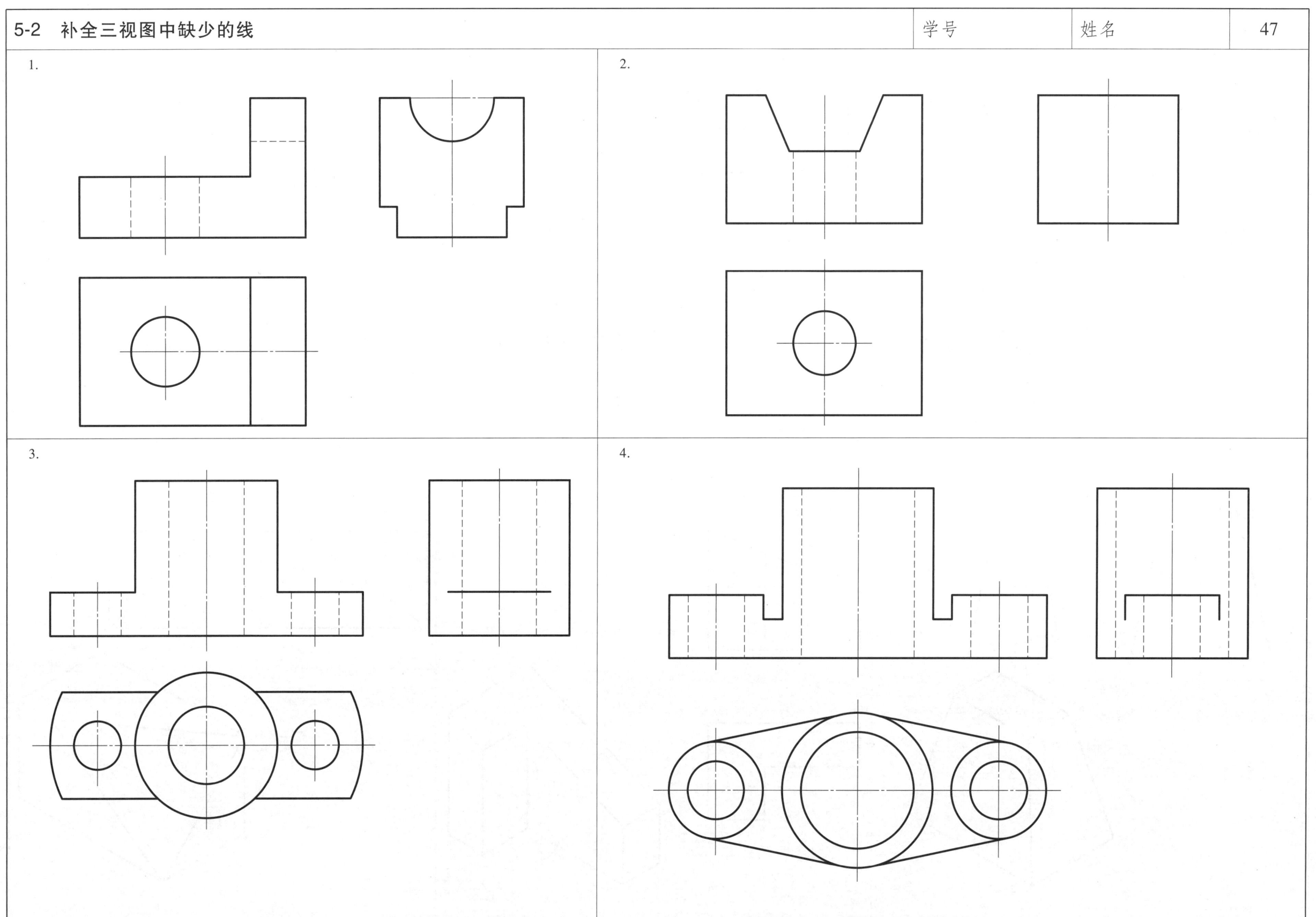

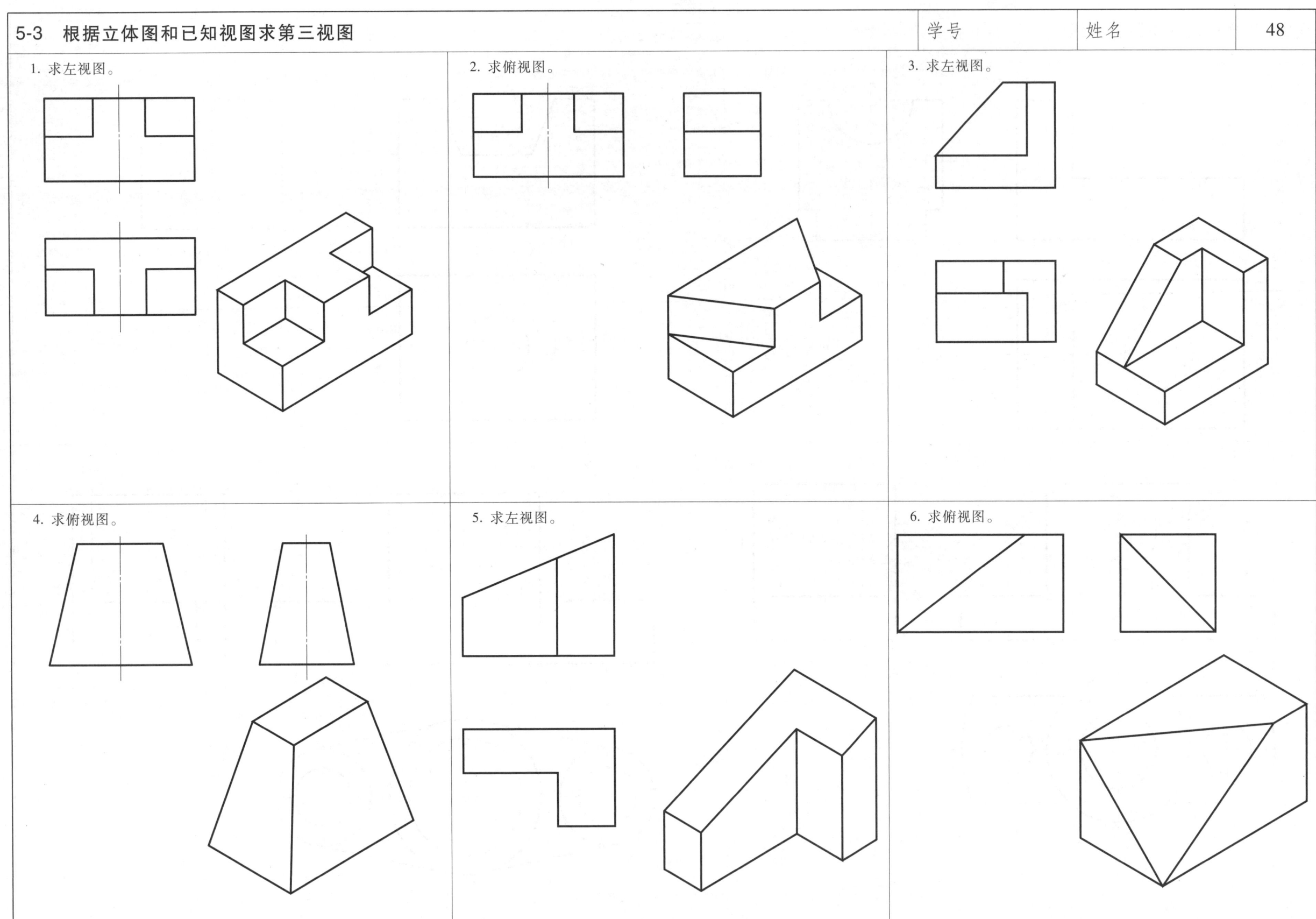

5-4 根据立体图，画出组合体的三视图（根据图上尺寸，按 1∶1 的比例画图）　　学号　　姓名　　49

1.

2.

5-4 根据立体图，画出组合体的三视图（根据图上尺寸，按 1∶1 的比例画图）（续）　　学号　　姓名　　50

3.

4.

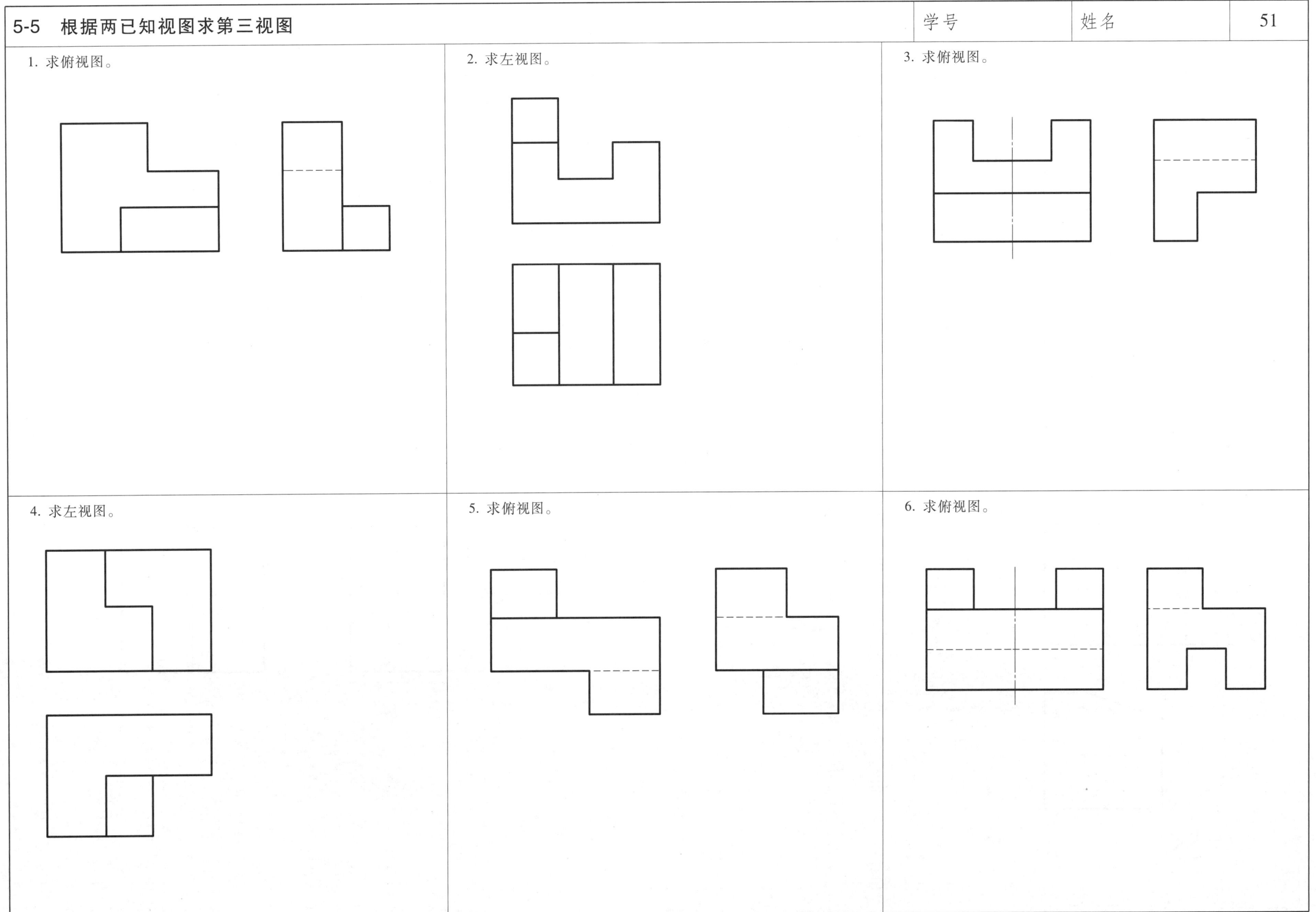

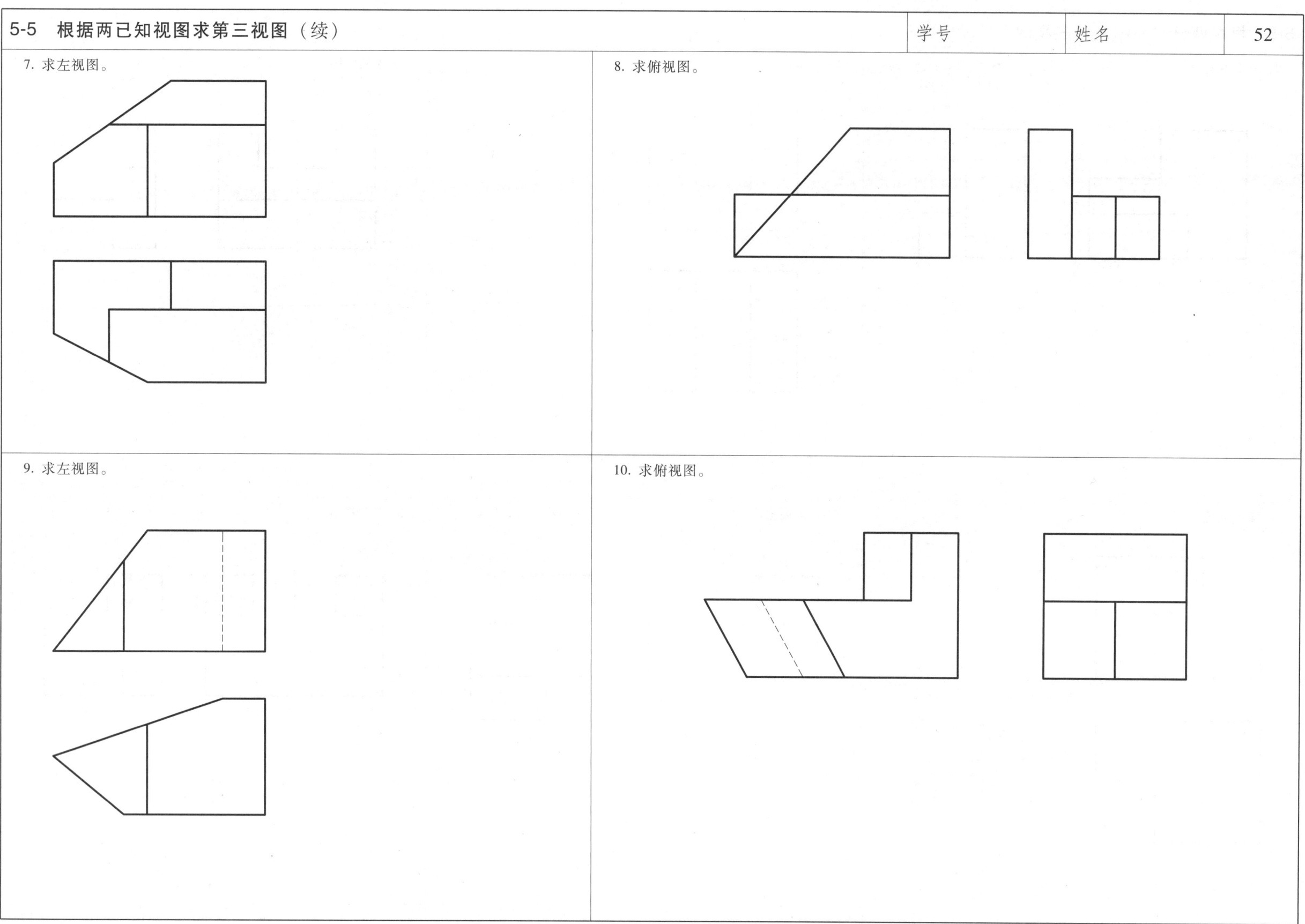

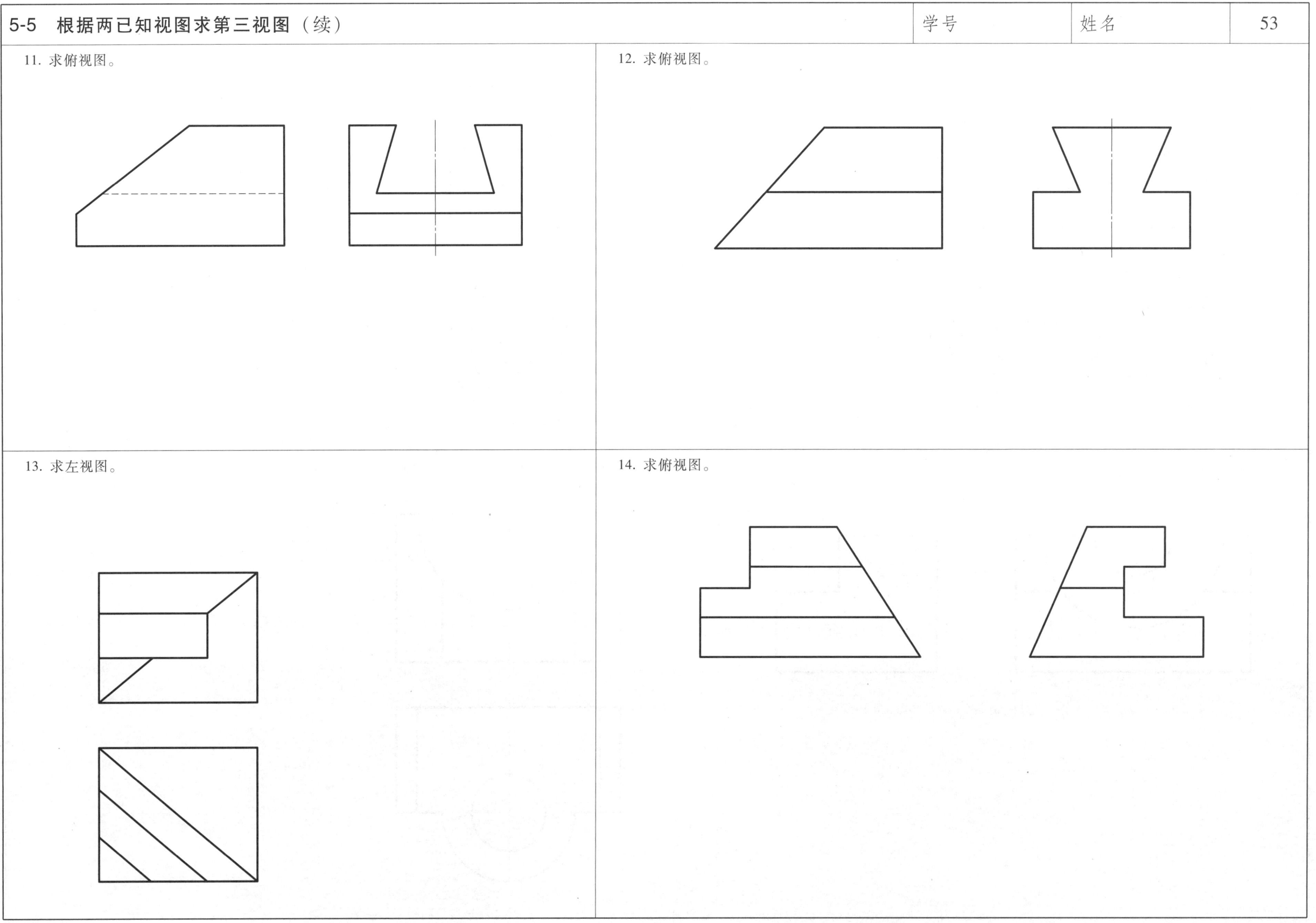

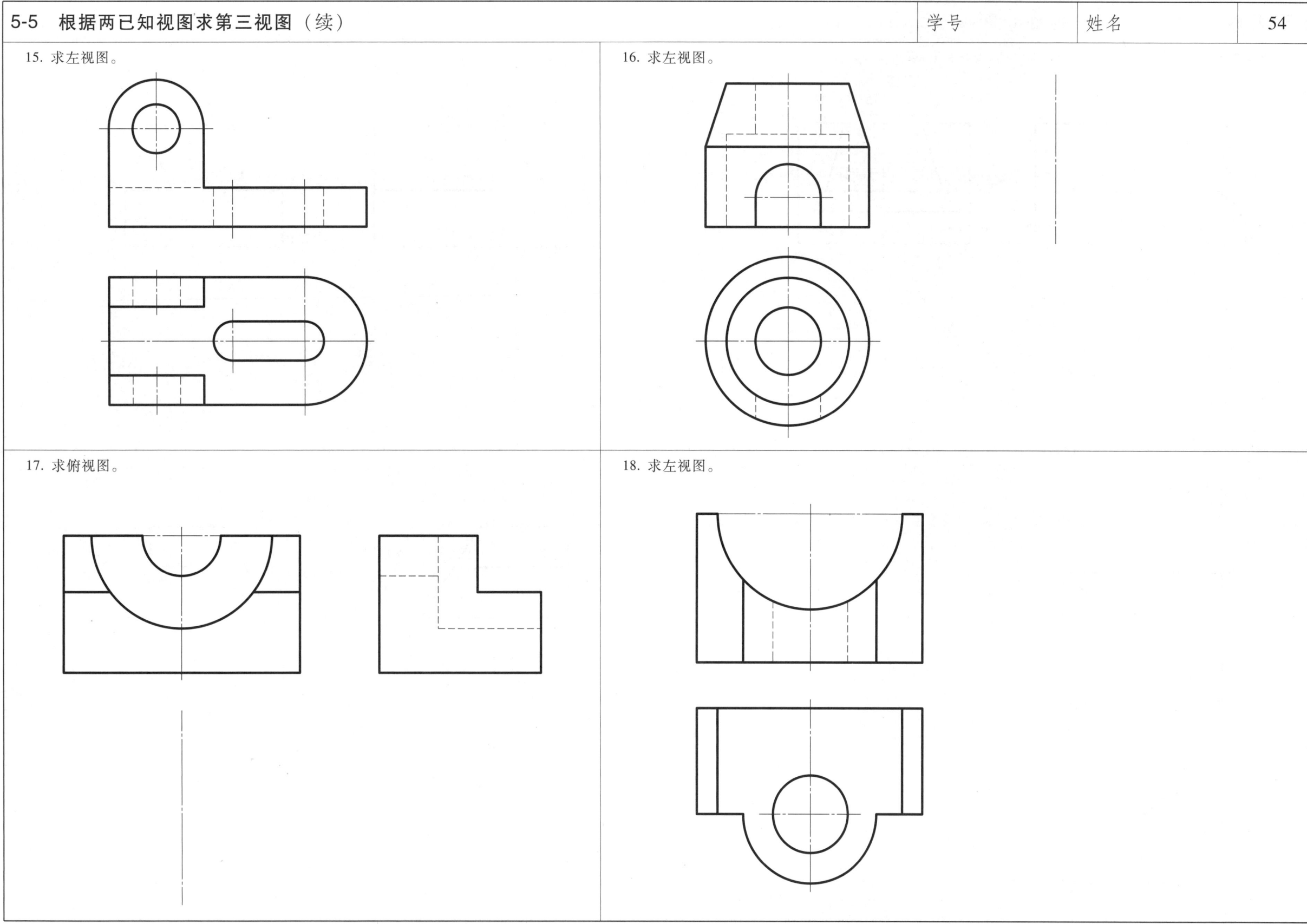

5-5　根据两已知视图求第三视图（续） 学号　　姓名　　55

19. 求左视图。

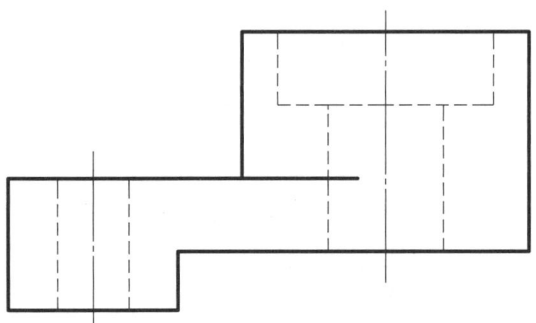

20. 求左视图。

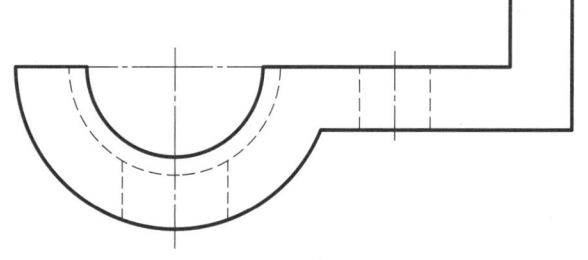

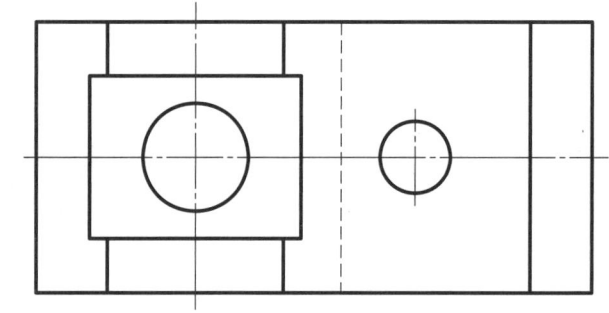

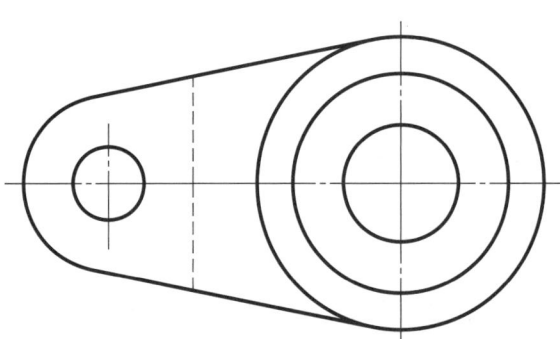

21. 求左视图。

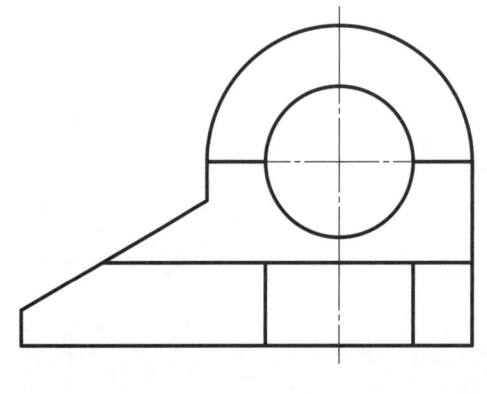

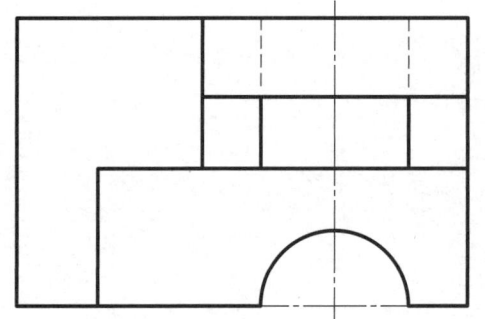

22. 求左视图。

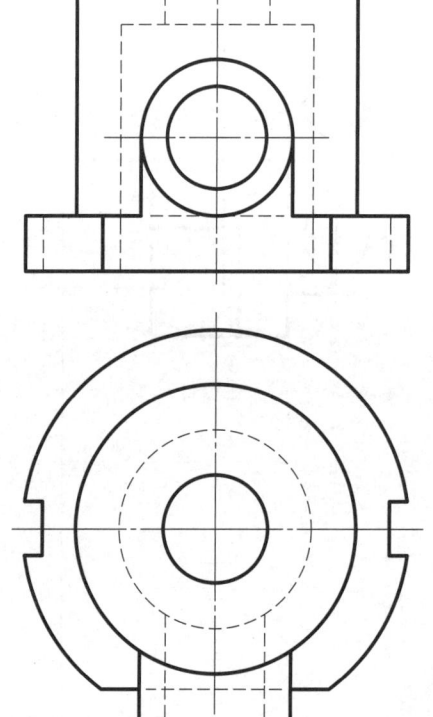

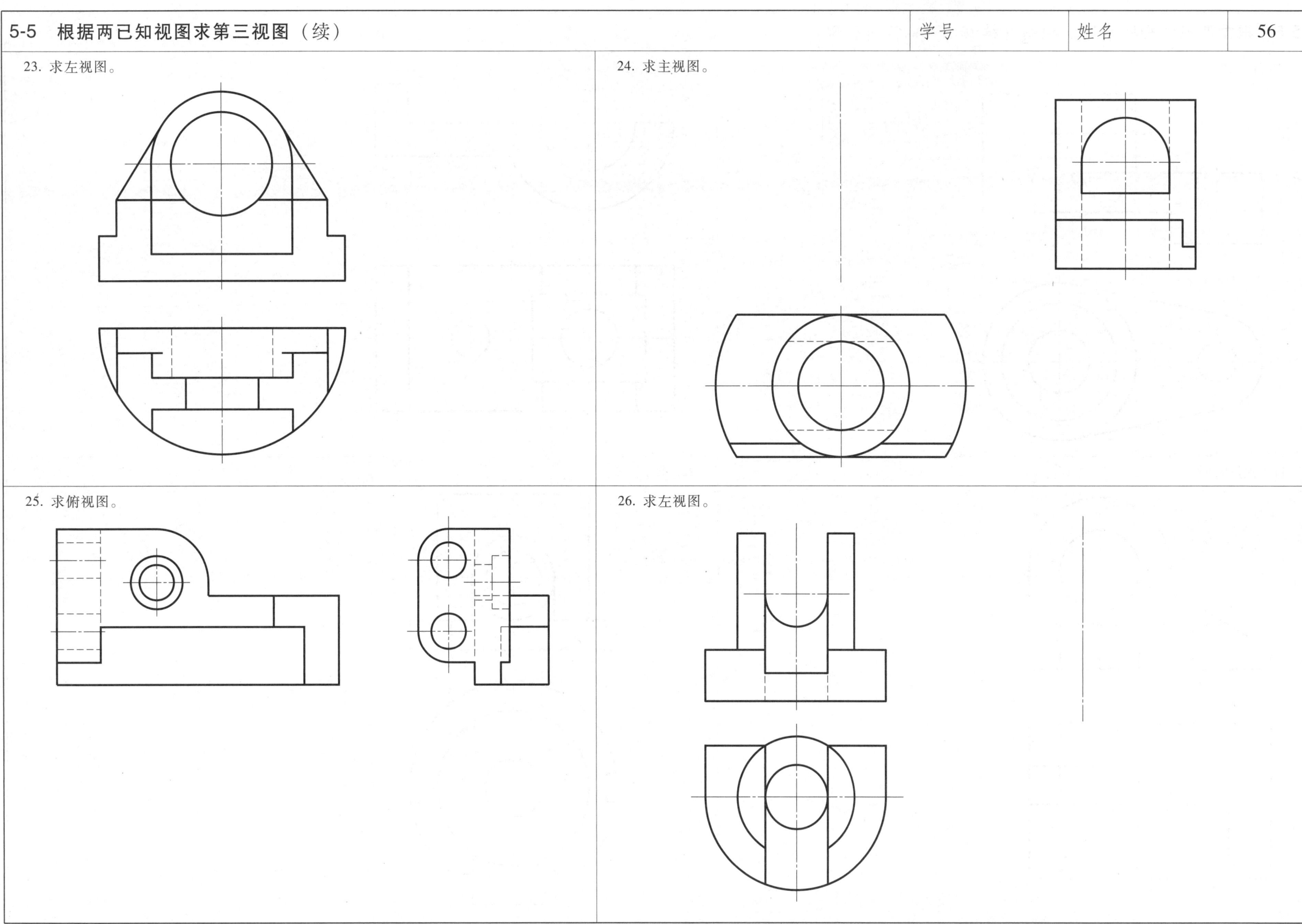

5-6 判断题

1. 已知主视图、俯视图，正确的左视图是（　　）。

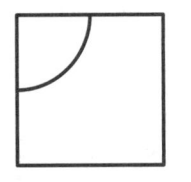 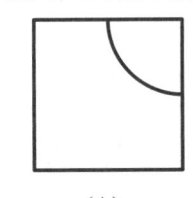 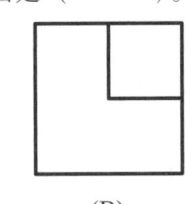 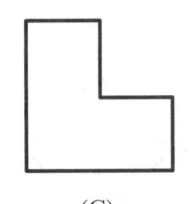 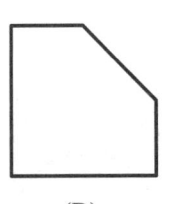
　　　　　(A)　　　(B)　　　(C)　　　(D)

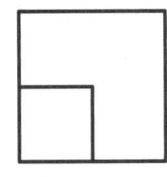

2. 已知主视图、俯视图，正确的左视图是（　　）。

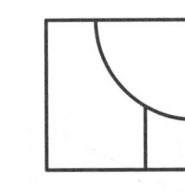 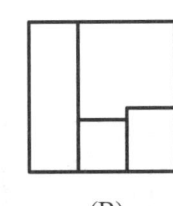 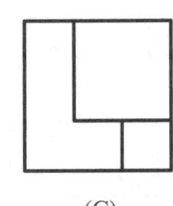 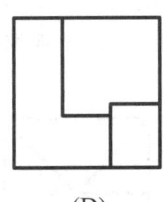
　(A)　　　(B)　　　(C)　　　(D)

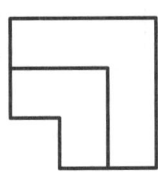

3. 已知主视图、俯视图，正确的左视图是（　　）。

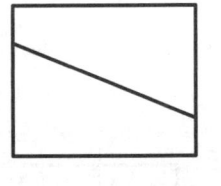  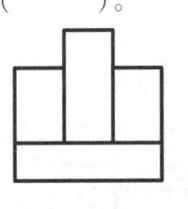 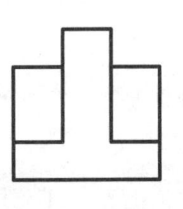 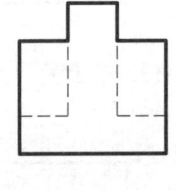
　　　(A)　　　(B)　　　(C)　　　(D)

4. 已知主视图、俯视图，正确的左视图是（　　）。

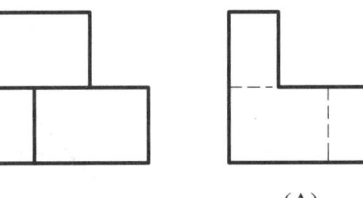 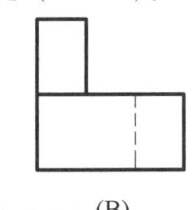 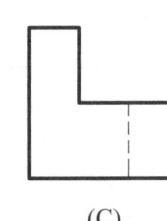 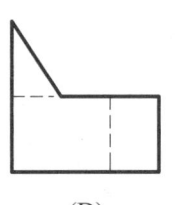
　　　(A)　　　(B)　　　(C)　　　(D)

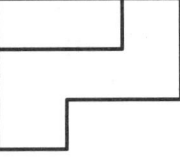

5. 已知主视图、俯视图，正确的左视图是（　　）。

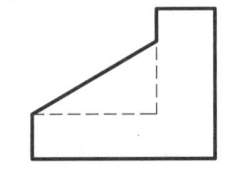 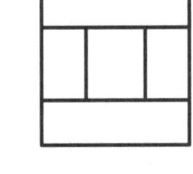 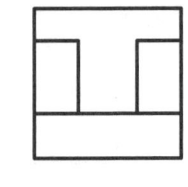 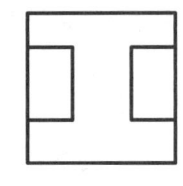 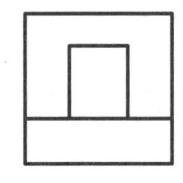
　　　(A)　　　(B)　　　(C)　　　(D)

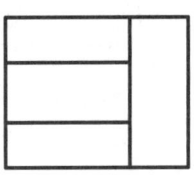

6. 已知主视图、俯视图，正确的左视图是（　　）。

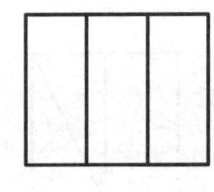  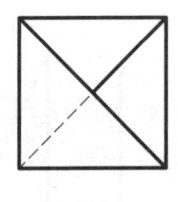  
　　　(A)　　　(B)　　　(C)　　　(D)

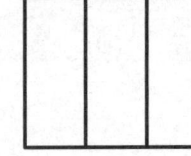

5-6 判断题（续）

7. 已知主视图、俯视图，正确的左视图是（　　）。

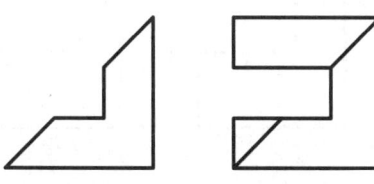
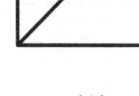
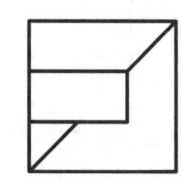
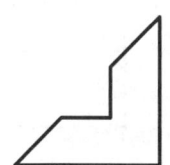
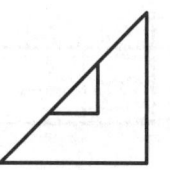

(A)　　(B)　　(C)　　(D)

8. 已知主视图、俯视图，正确的左视图是（　　）。

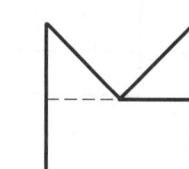

(A)　　(B)　　(C)　　(D)

9. 已知主视图、俯视图，正确的左视图是（　　）。

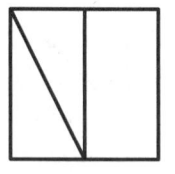
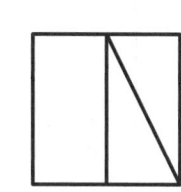
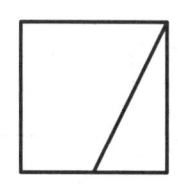
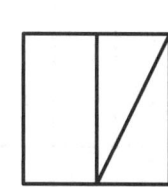

(A)　　(B)　　(C)　　(D)

10. 已知主视图、俯视图，正确的左视图是（　　）。

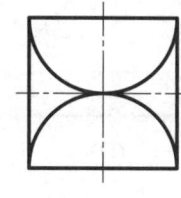
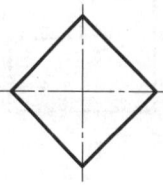
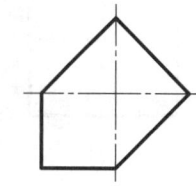
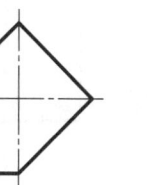
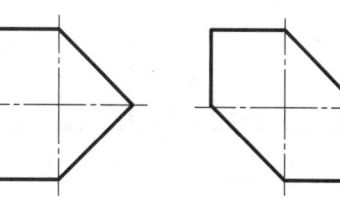

(A)　　(B)　　(C)　　(D)

11. 已知主视图、俯视图，正确的左视图是（　　）。

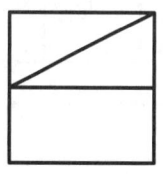
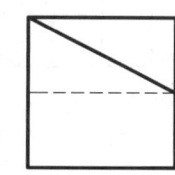
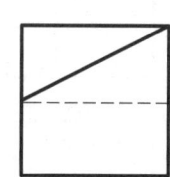
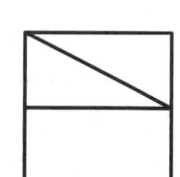
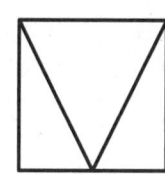

(A)　　(B)　　(C)　　(D)

12. 正确的一组视图是（　　）。

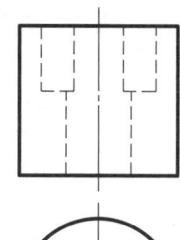
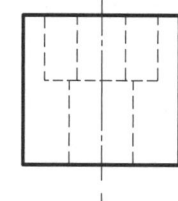
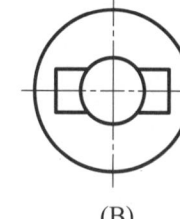
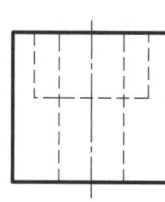
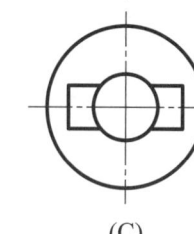
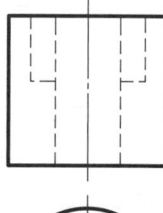
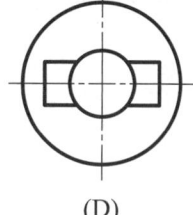

(A)　　(B)　　(C)　　(D)

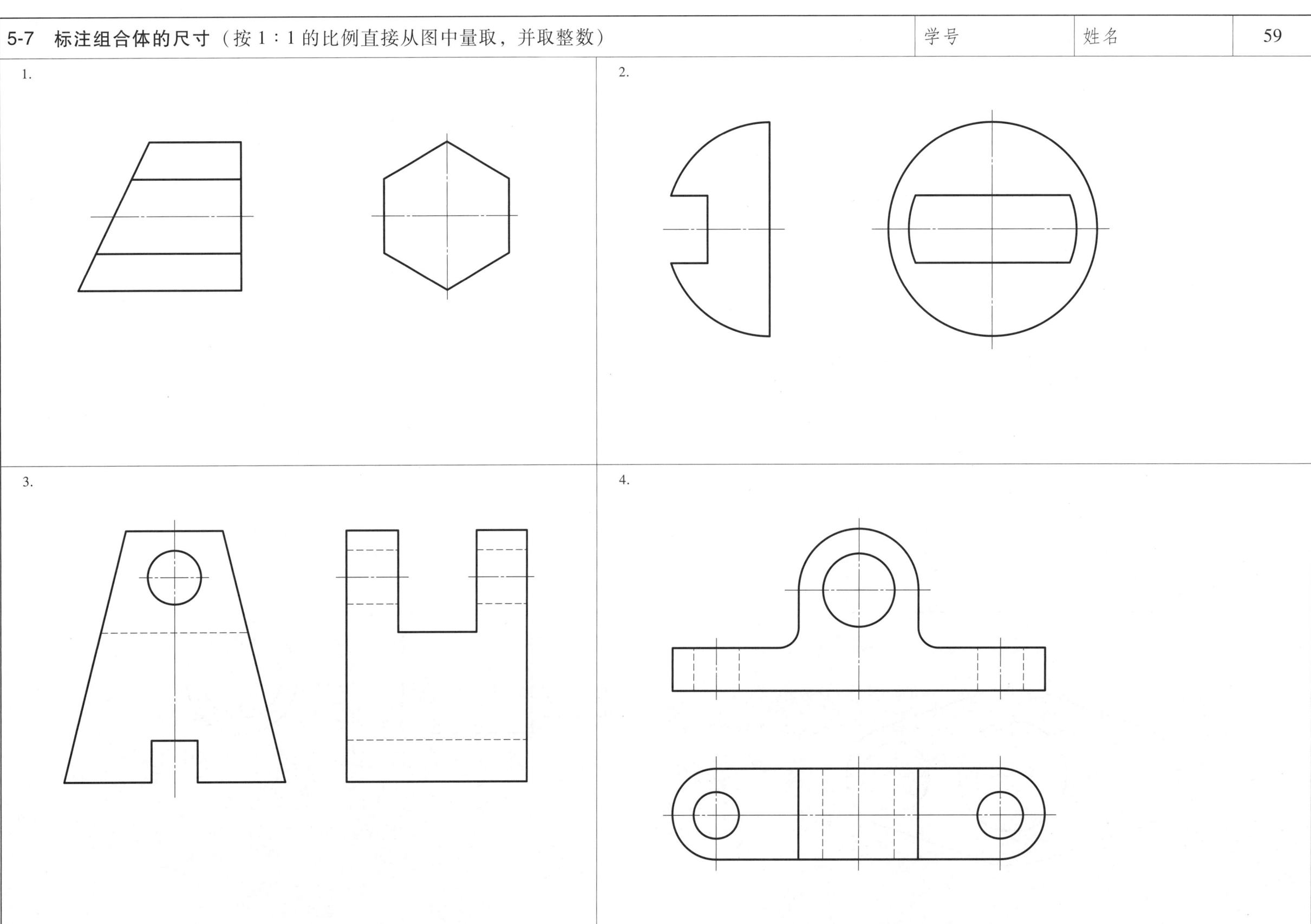

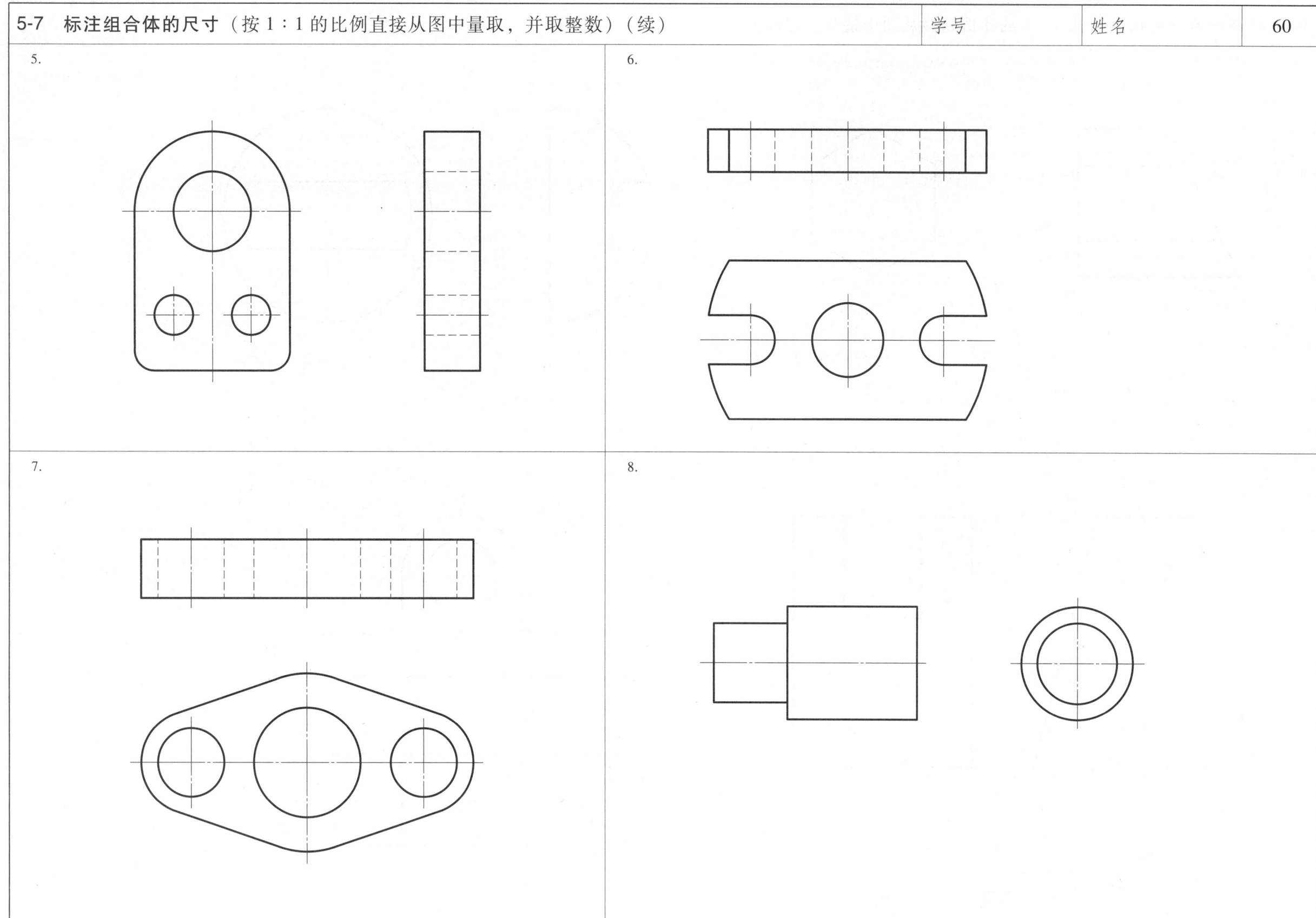

5-7 标注组合体的尺寸（按 1∶1 的比例直接从图中量取，并取整数）（续）

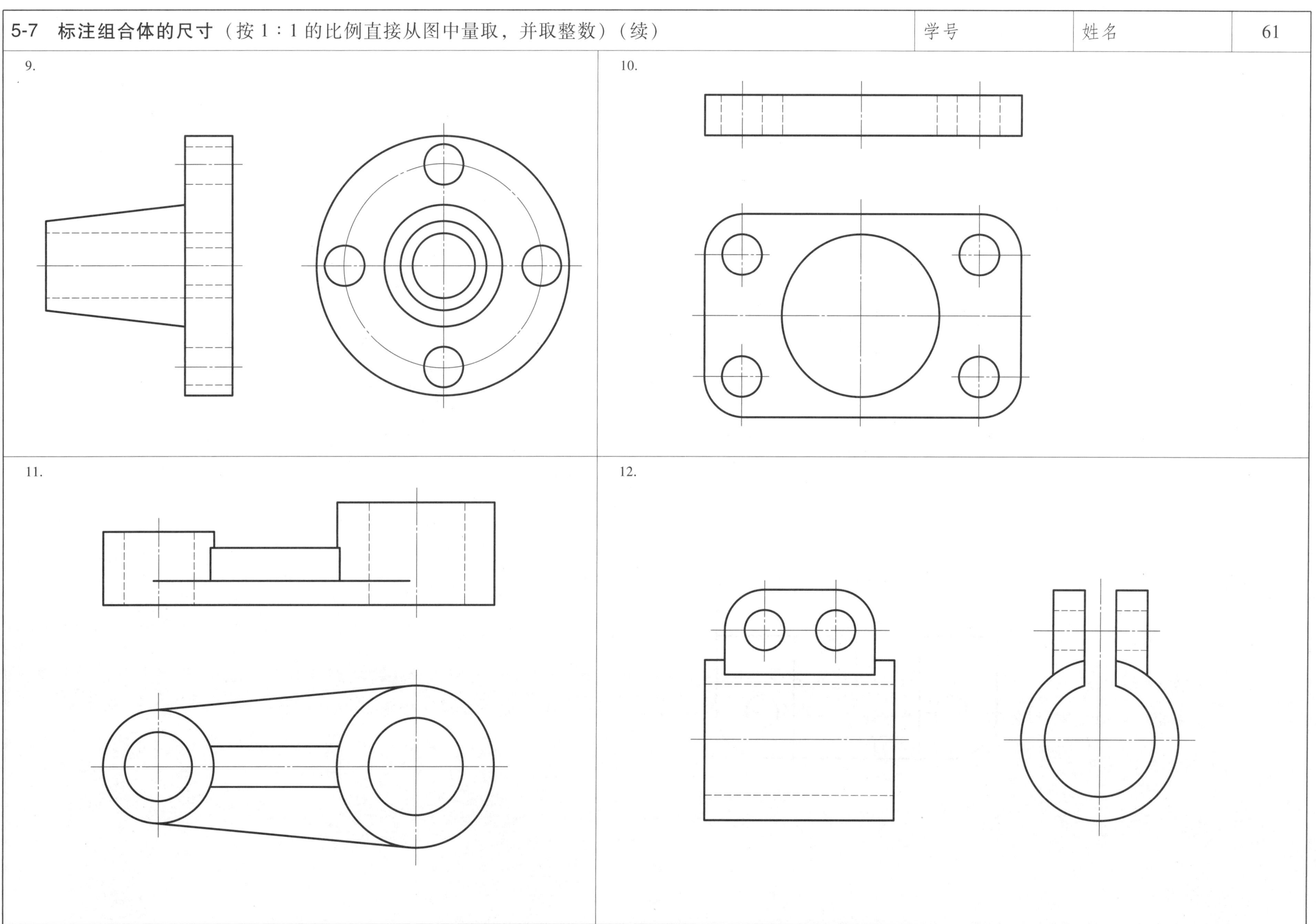

5-7 标注组合体的尺寸（按 1∶1 的比例直接从图中量取，并取整数）（续）　　学号　　姓名　　62

13. 为组合体标注尺寸。

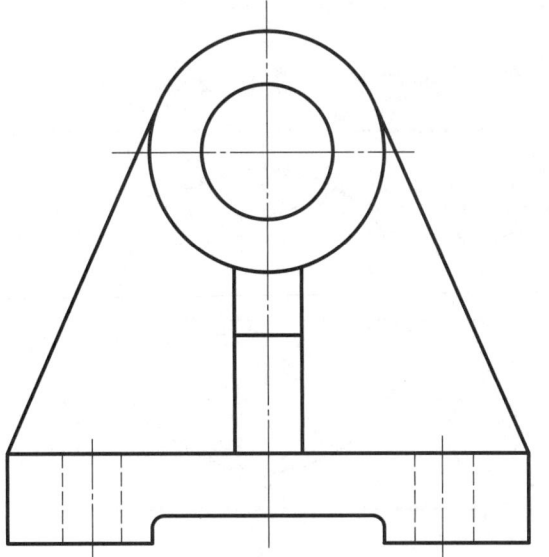
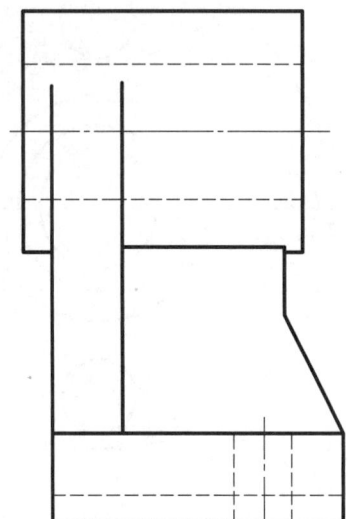
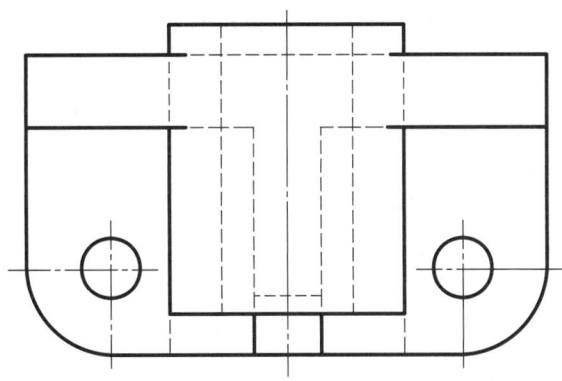

5-8 根据给定主视图，构思出四个不同的形体，并画出其俯、左视图

1.

2.

3.

4.

5-8 根据给定主视图，构思出四个不同的形体，并画出其俯、左视图（续） 学号　　　姓名　　　64

5.

6.

7.

8.

5-9 根据给定主、俯视图，构思几个不同的形体，并画出左视图（至少画出 3 个）

1.

2.

3.

第 6 章　轴测图

6-1　根据已知视图，画出形体的正等轴测图

学号　　　姓名

1.

2.

3.

4.

5.

6.

6-2 根据已知视图，画出形体的斜二轴测图

1.
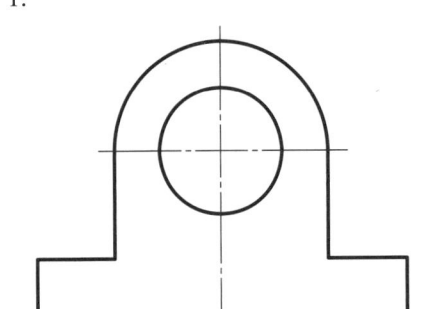
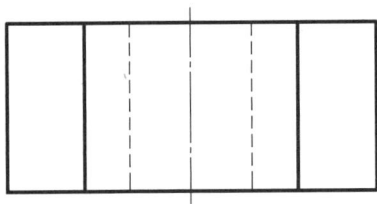

2.
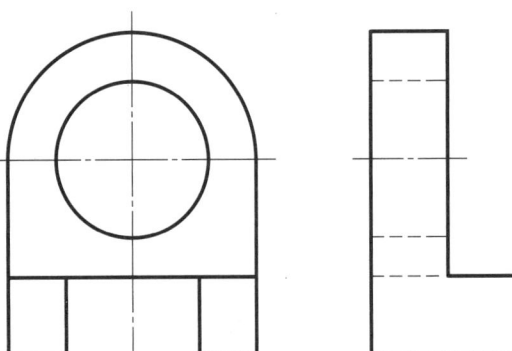

3.
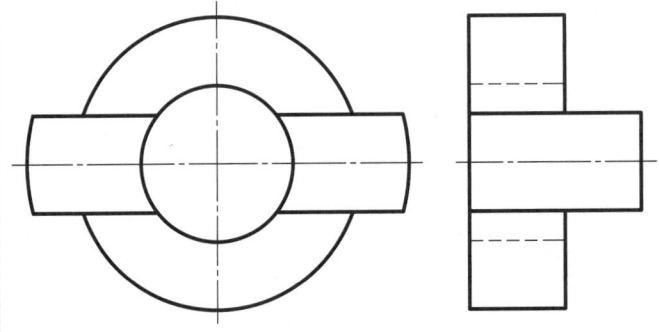

4.
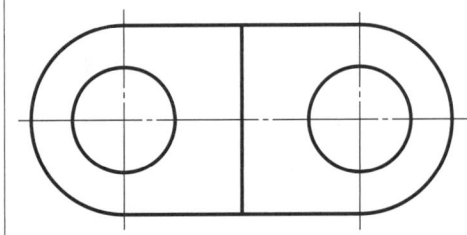
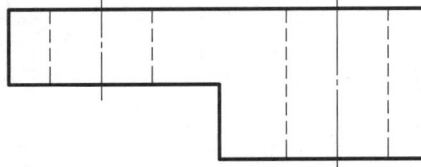

第7章 机件的表达方法

7-1 视图

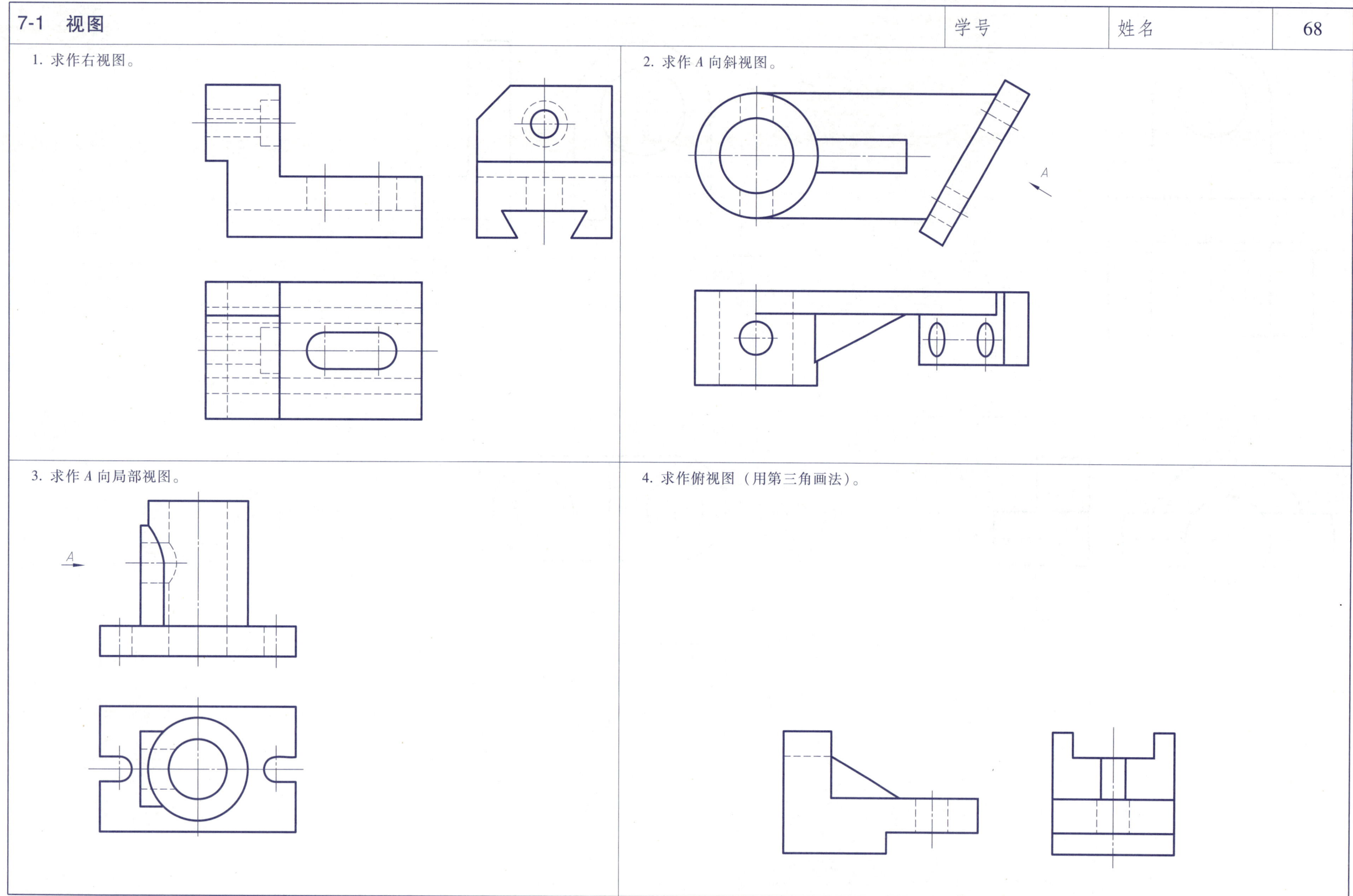

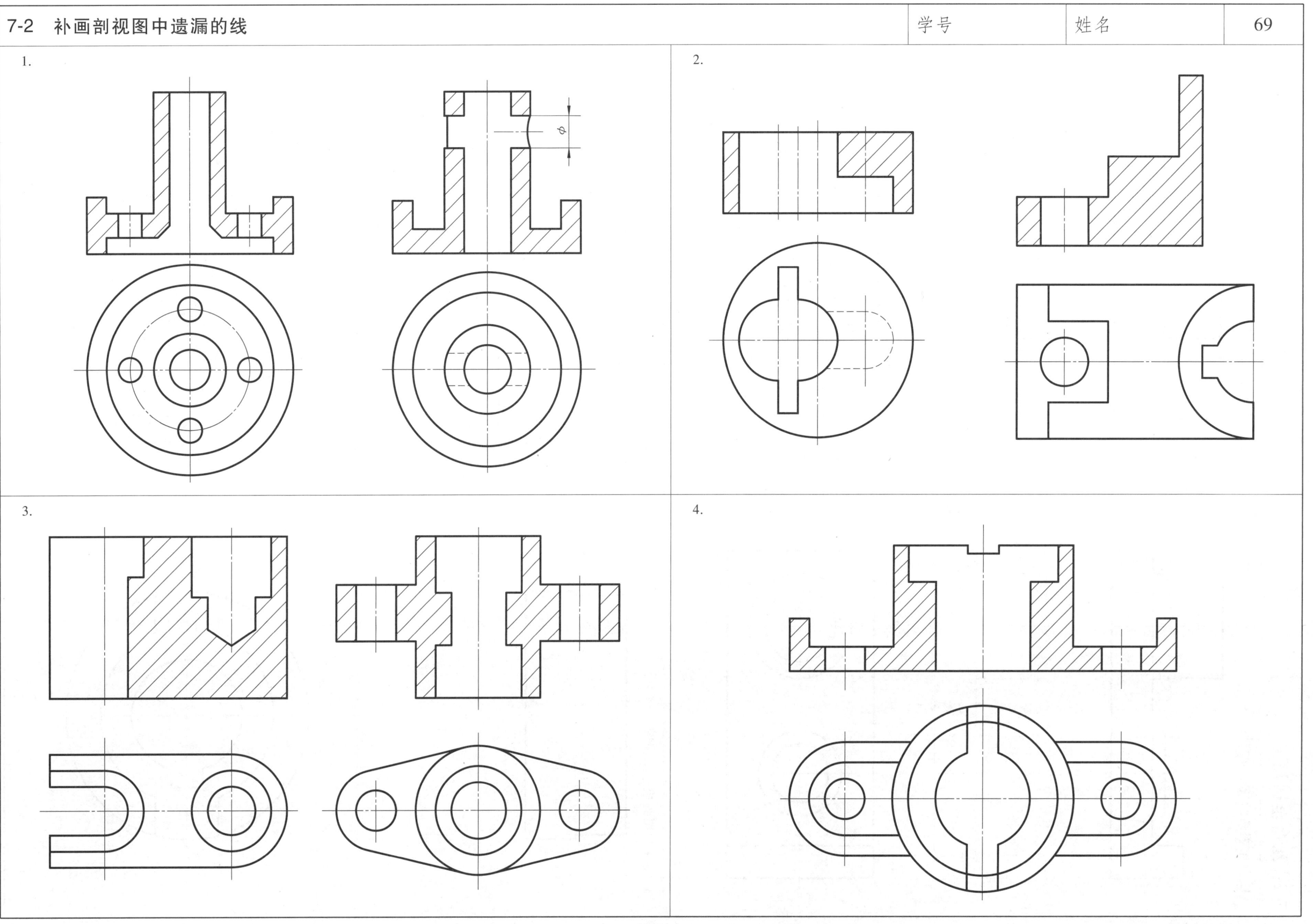

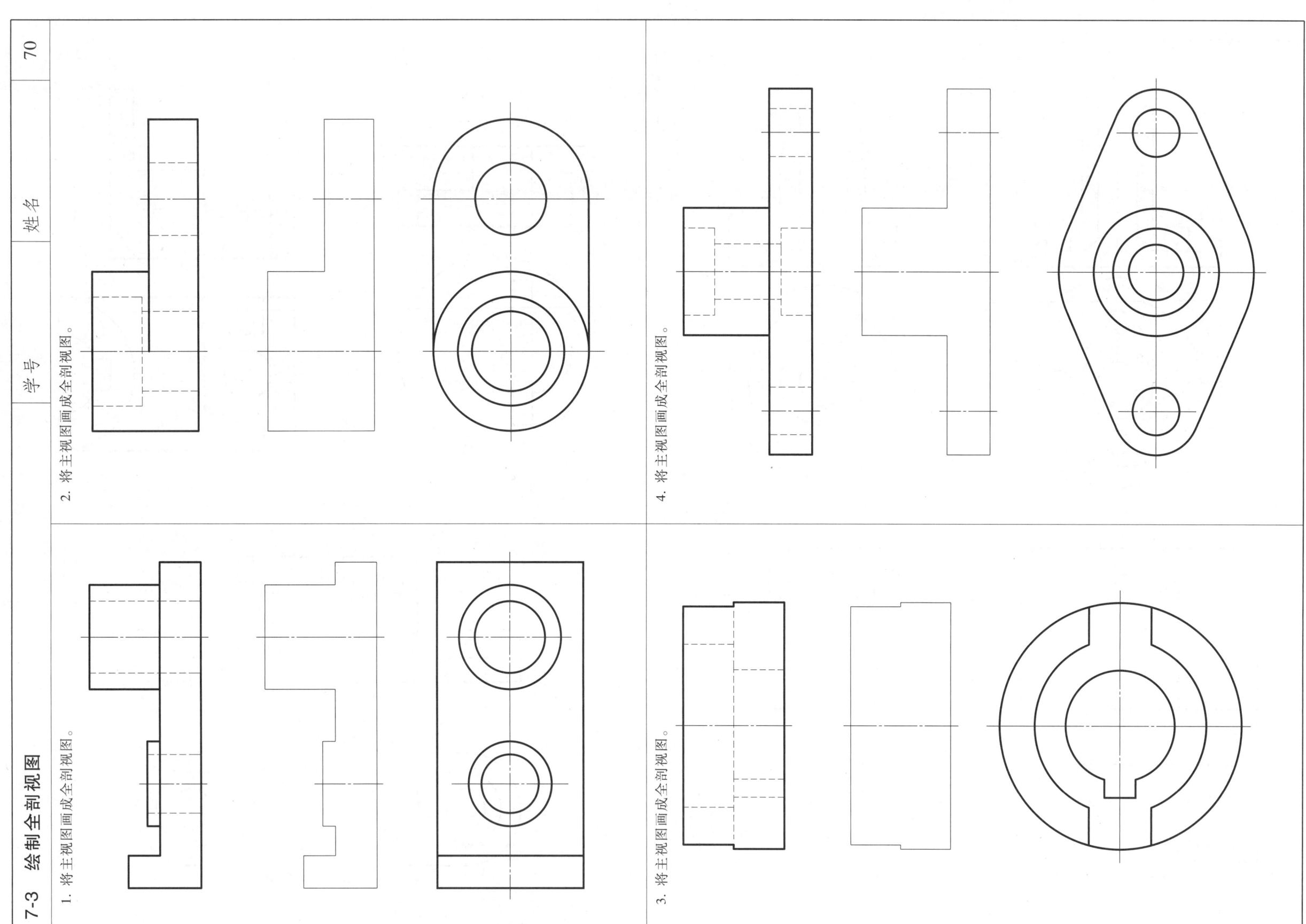

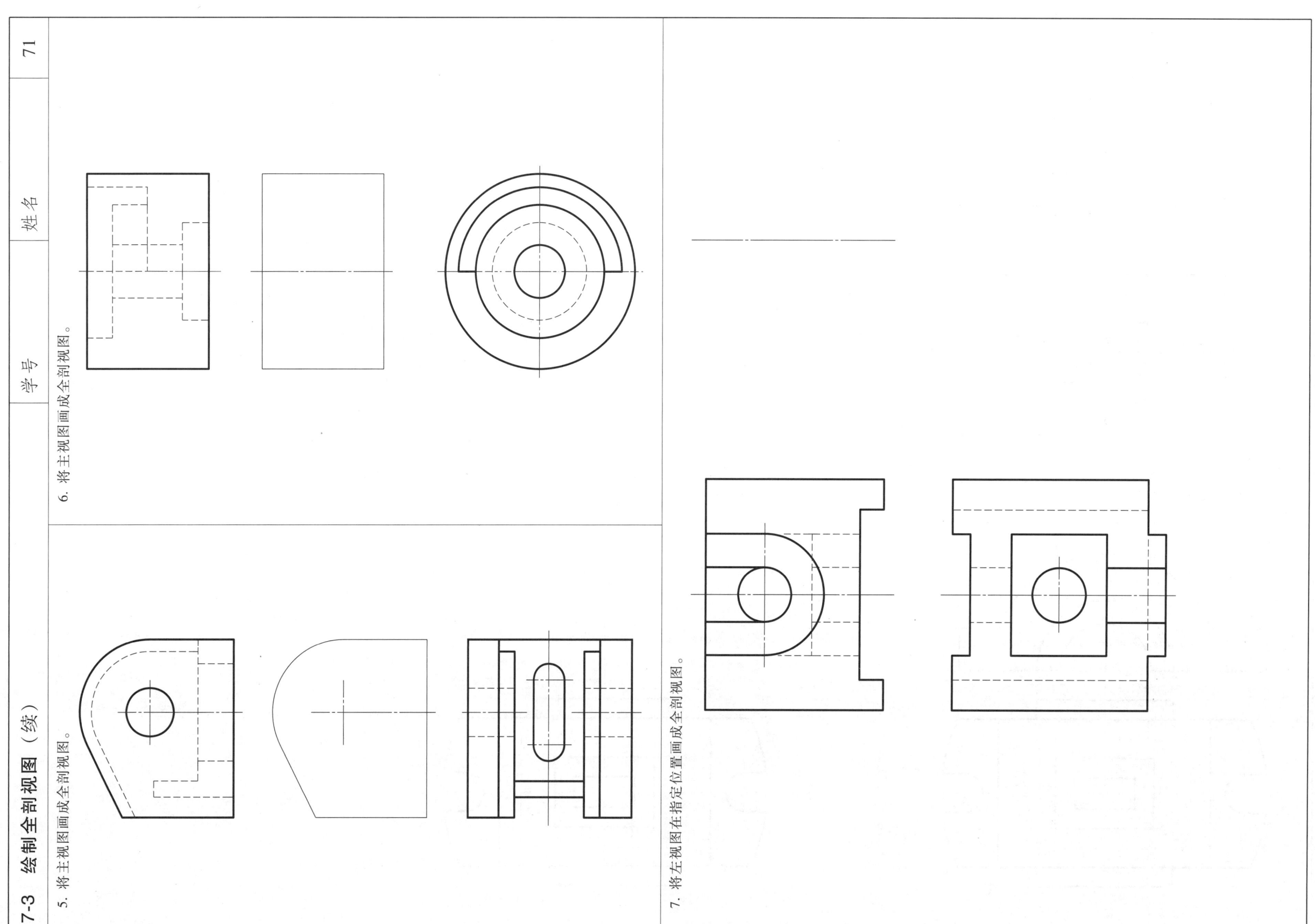

7-4 绘制半剖视图

1. 将左视图画成半剖视图。

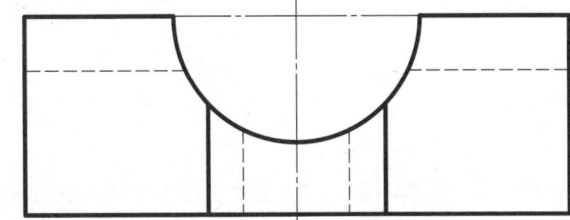

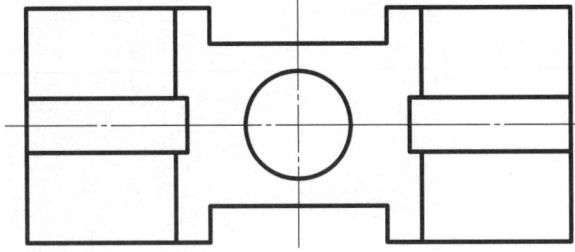

2. 将左视图画成半剖视图。

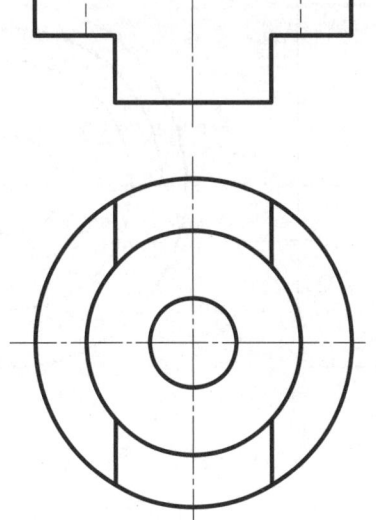

3. 将主视图及左视图画成半剖视图。

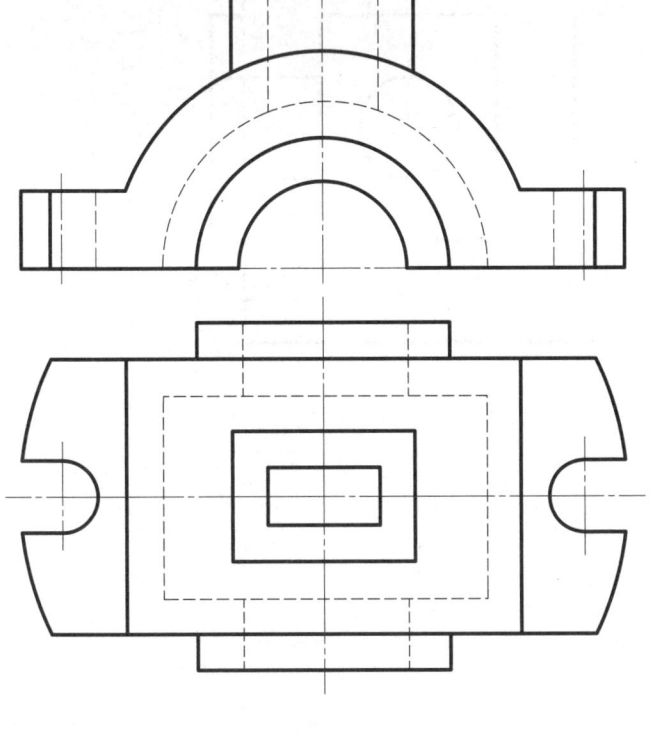

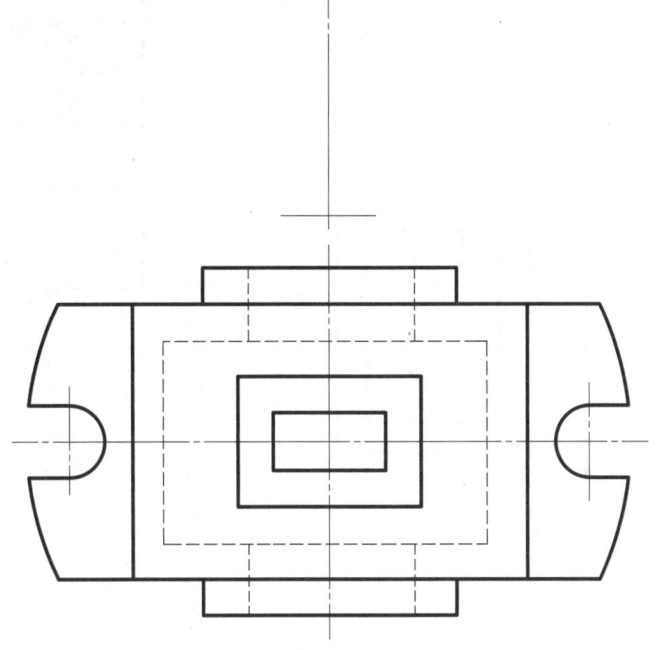

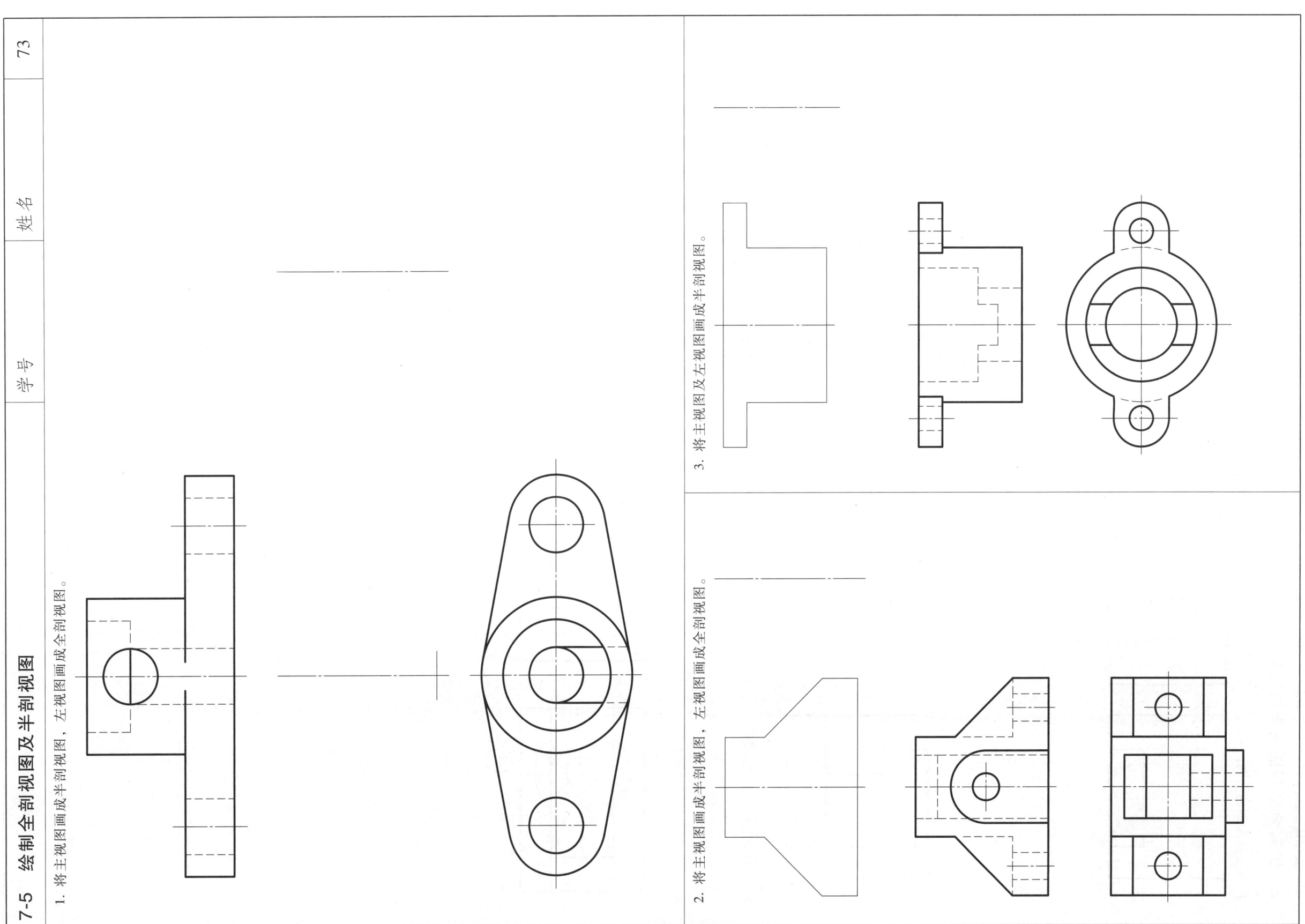

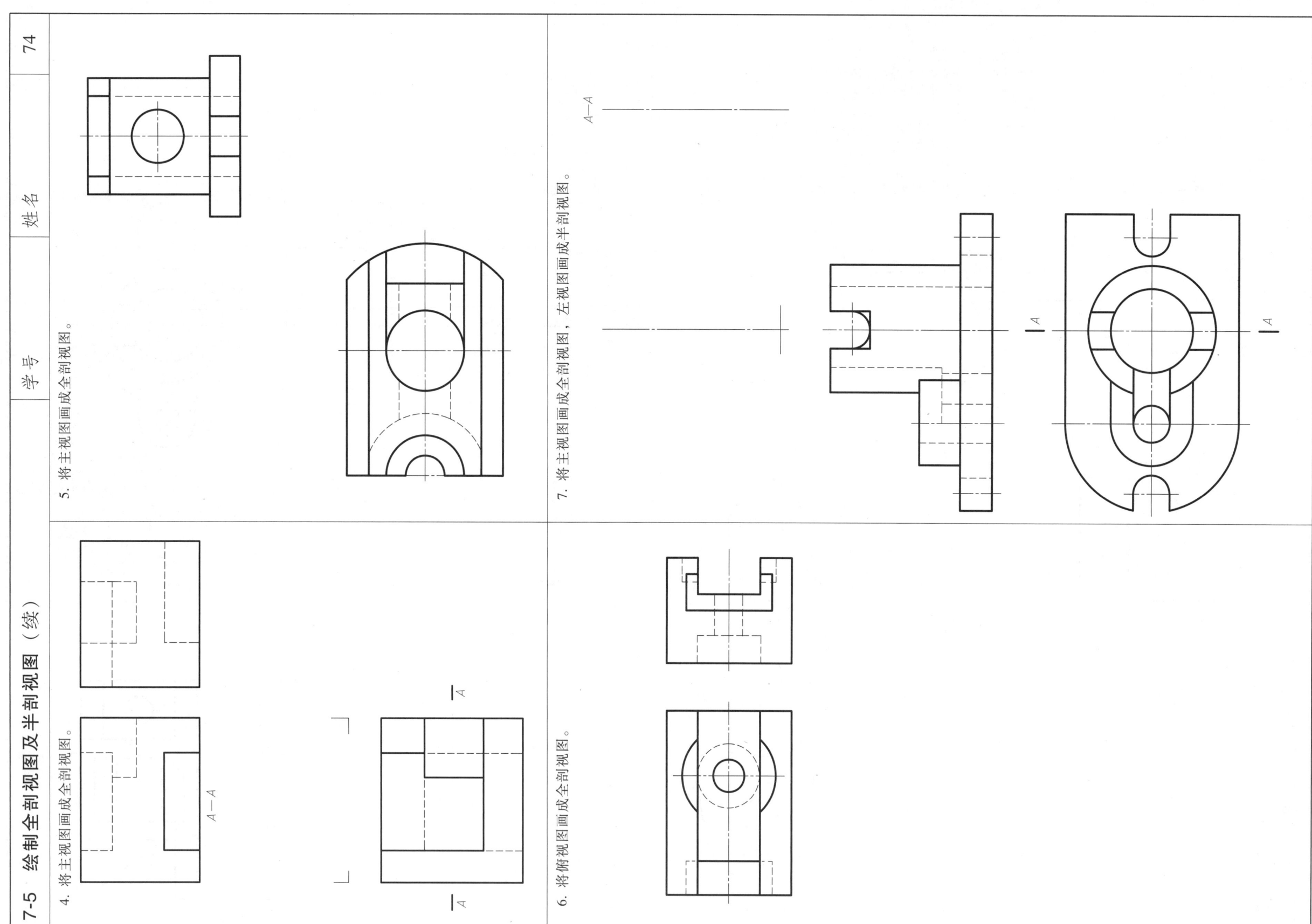

| 7-6 绘制局部剖视图 | 学号　　　姓名 | 75 |

1. 找出局部剖视图中的错误之处，并将正确的局部剖视图画在右侧。

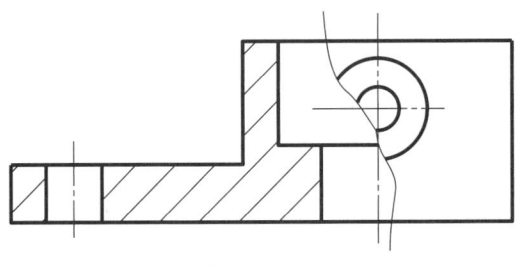
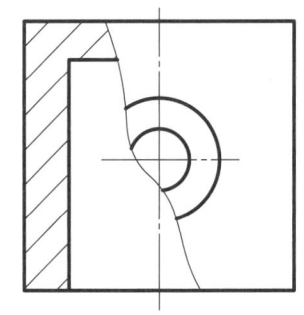
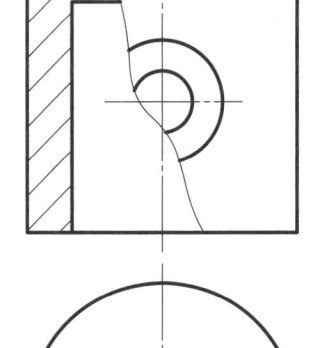

2. 找出局部剖视图中的错误之处，并将正确的局部剖视图画在右侧。

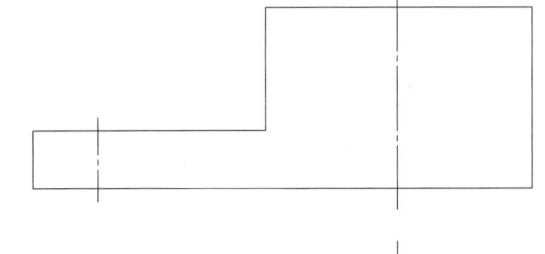
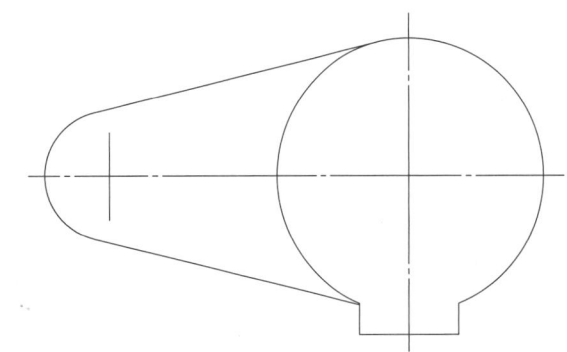
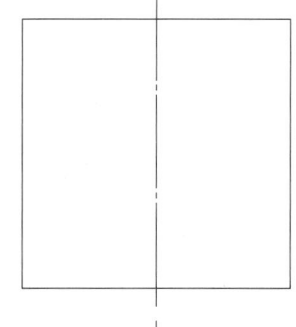
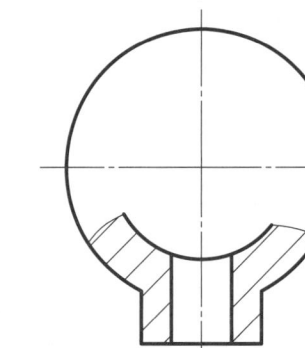
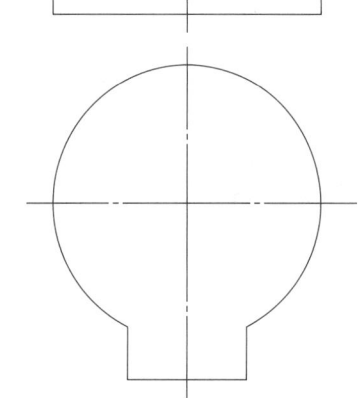

3. 在右侧指定位置绘制主视图及俯视图的局部剖视图。

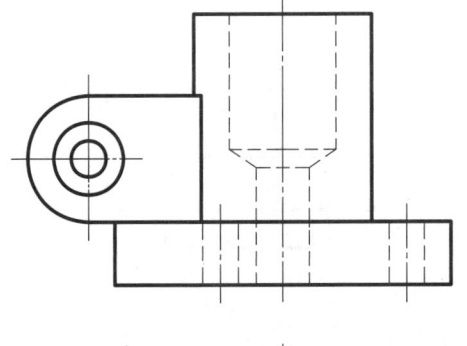
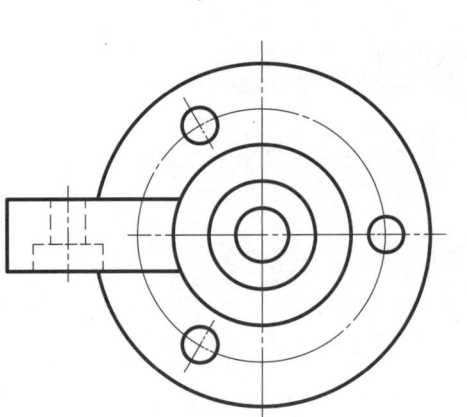
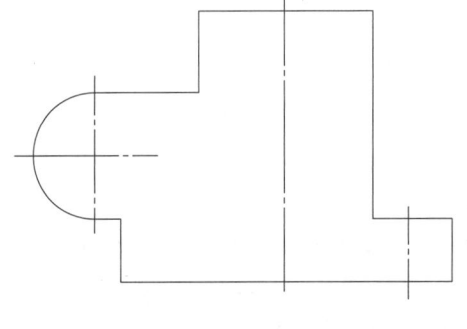
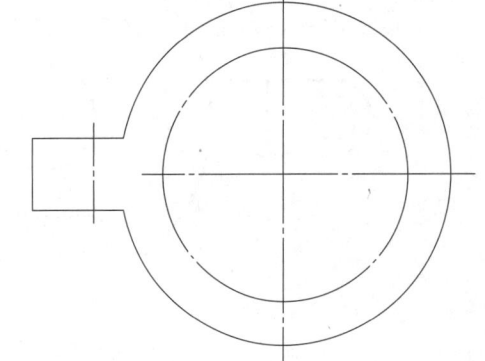

4. 在右侧指定位置绘制主视图及俯视图的局部剖视图。

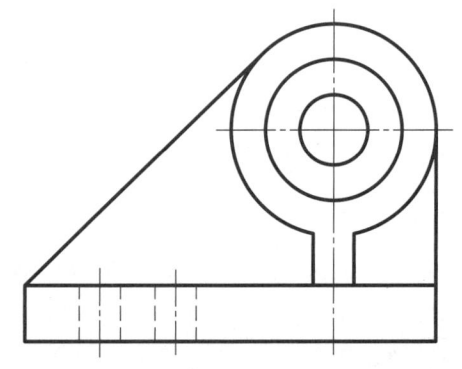
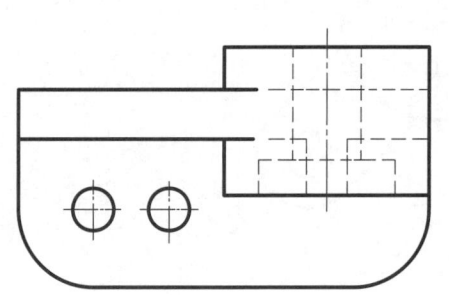
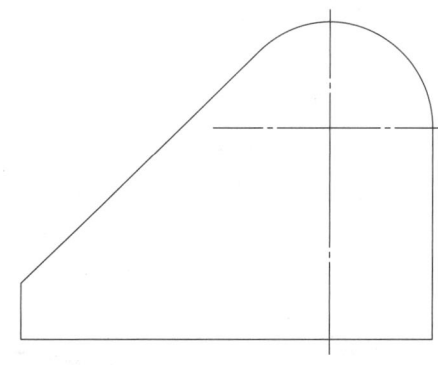
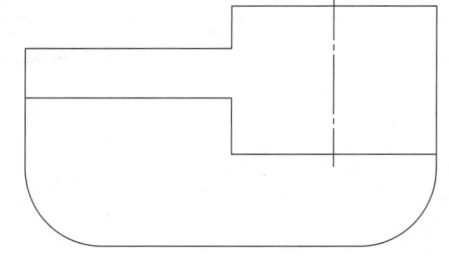

7-7 旋转剖视图与阶梯剖视图

1. 采用两个相交的剖切面剖切的方式作出全剖的左视图。

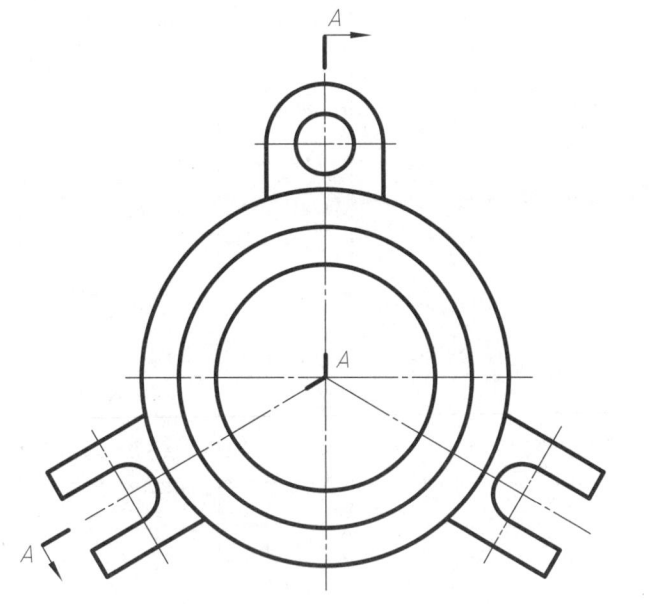
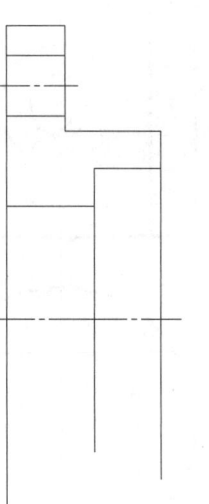

2. 采用两个平行的剖切面剖切的方式，作出全剖的主视图。

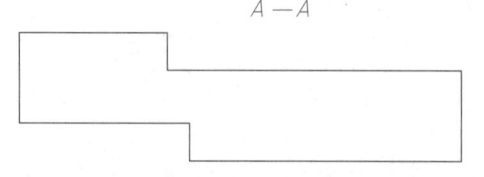
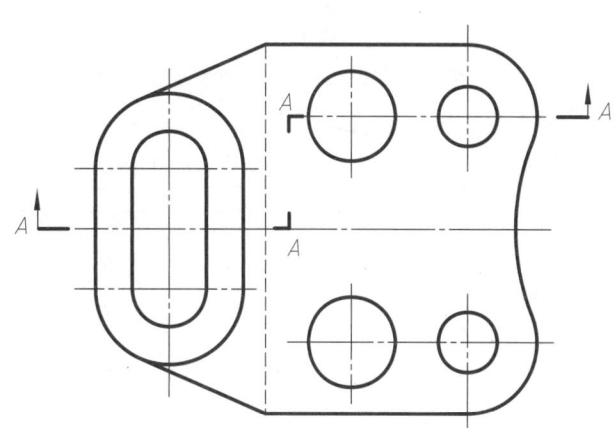

3. 采用两个相交的剖切面剖切的方式，作出全剖的主视图。

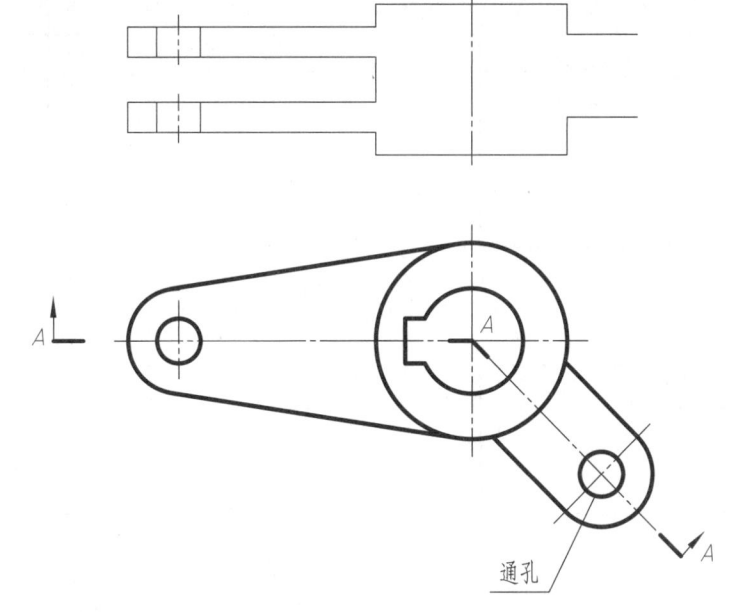

4. 采用两个平行的剖切面剖切的方式，作出全剖的主视图。

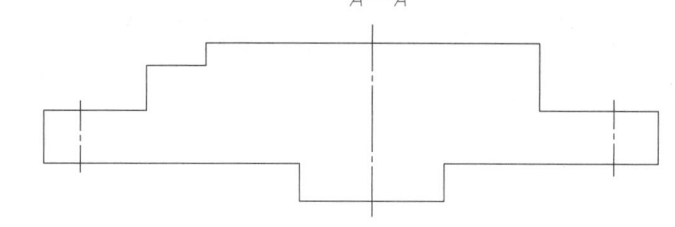
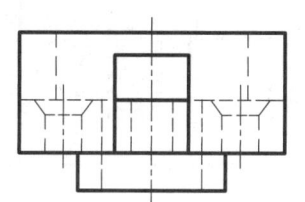
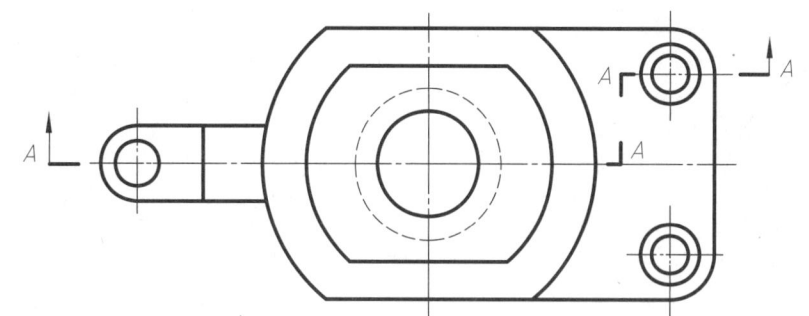

7-8 斜剖视图、复合剖视图及简化画法

1. 画出 A—A 斜剖视图。

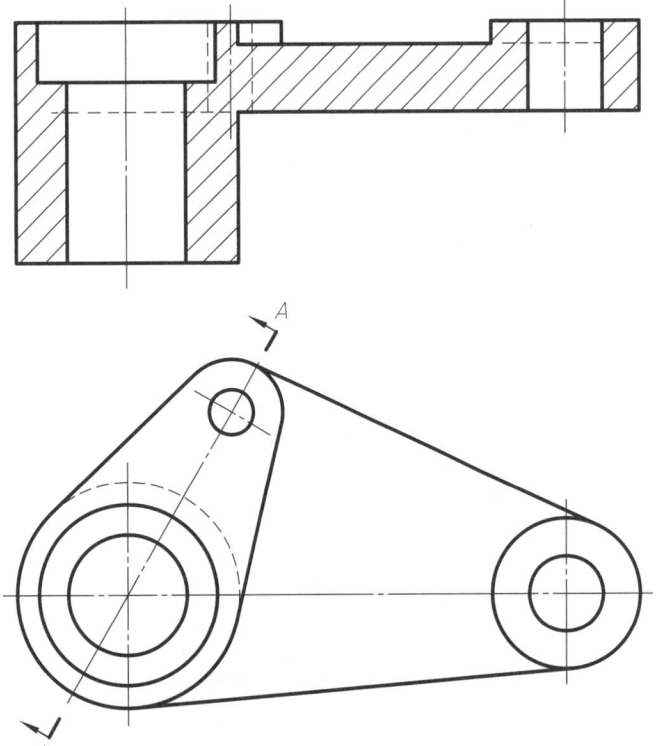

2. 画出 A—A 剖视图（复合剖）。

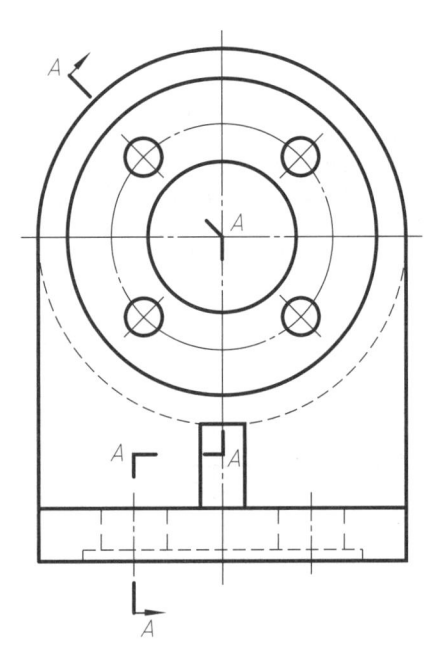
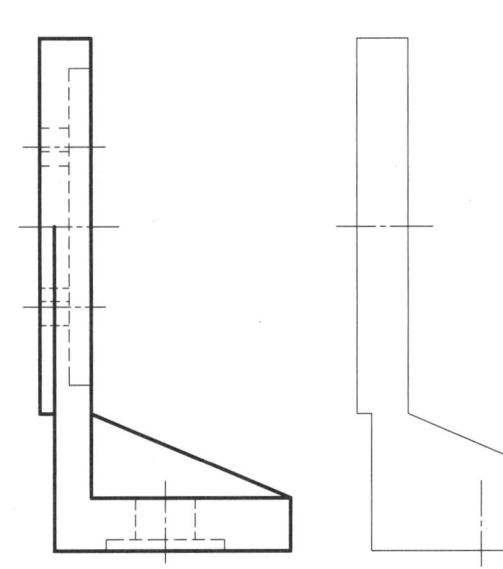

3. 将主视图画成全剖视图（用简化画法）。

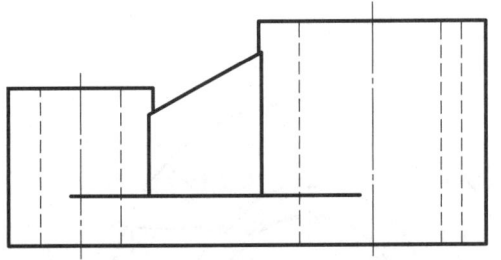

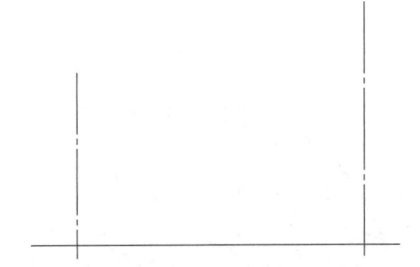

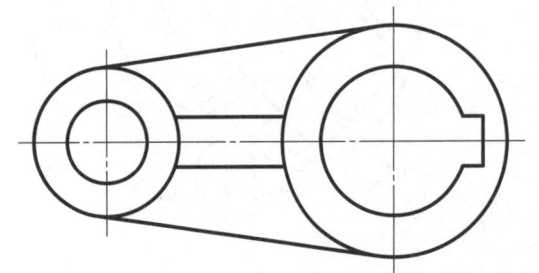

4. 将主视图画成全剖视图（用简化画法）。

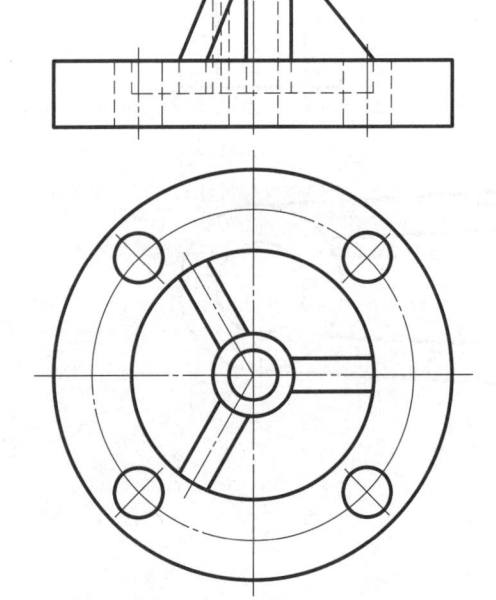
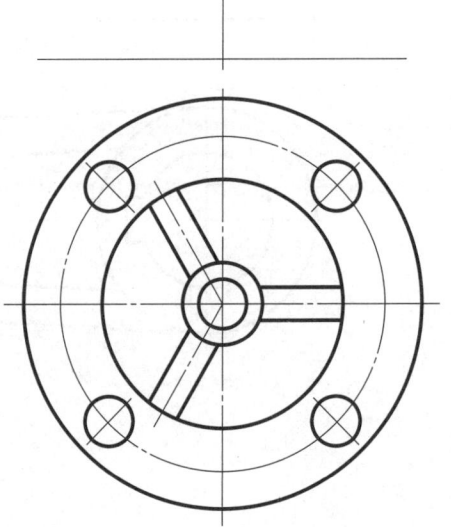

| 7-9 绘制断面图 | 7-10 综合练习 | 学号 | 姓名 | 78 |

1. 作移出断面图。

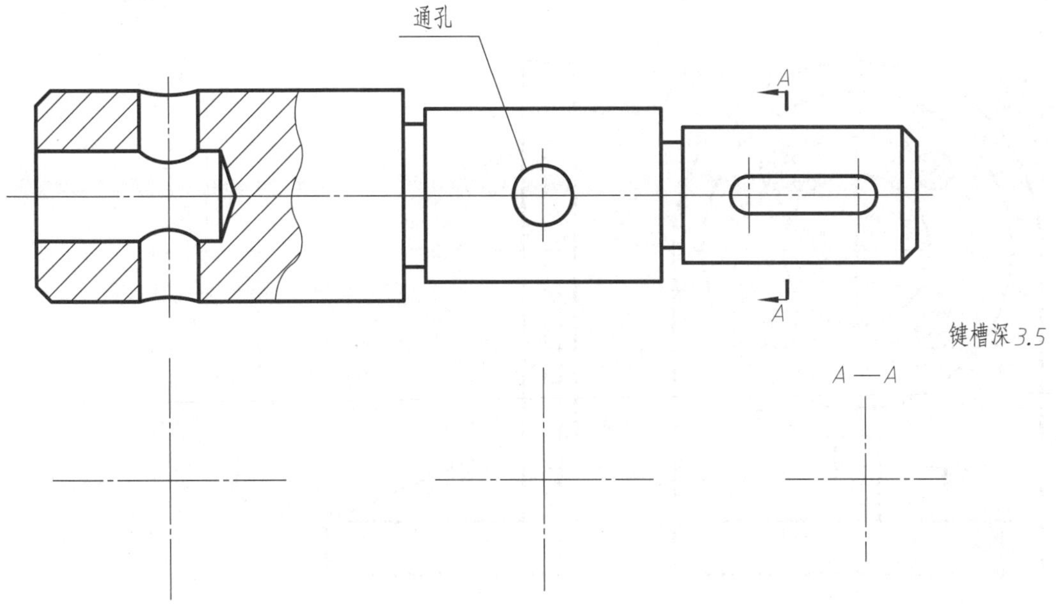

通孔

键槽深 3.5

A—A

2. 作移出断面图。

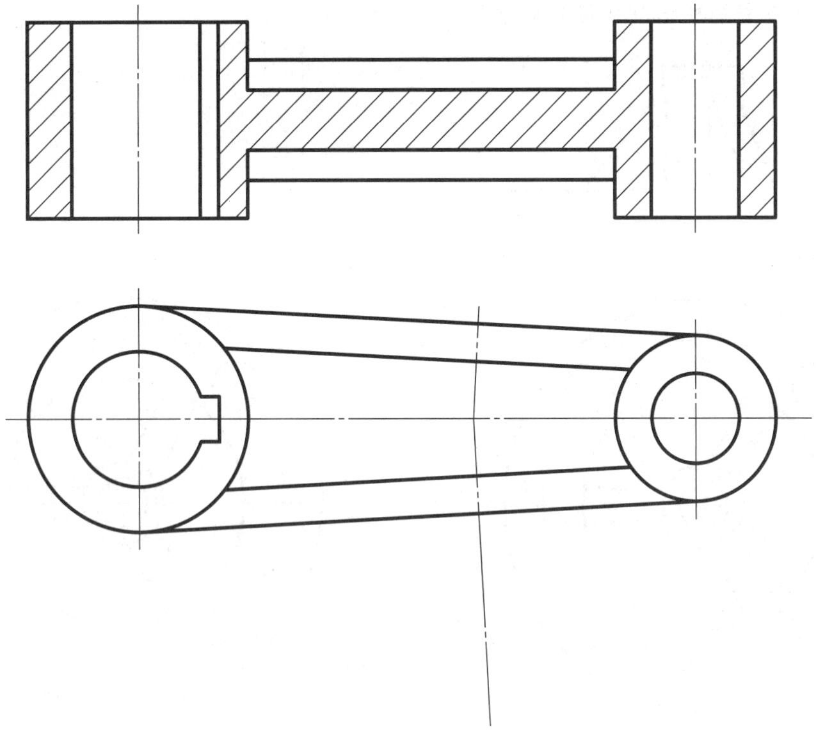

1. 作 A—A 剖视图。

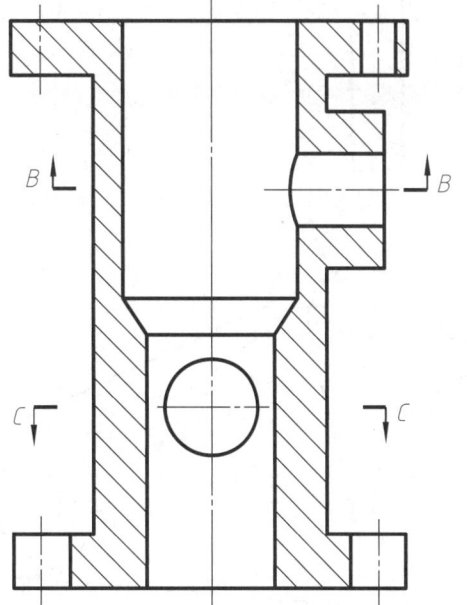

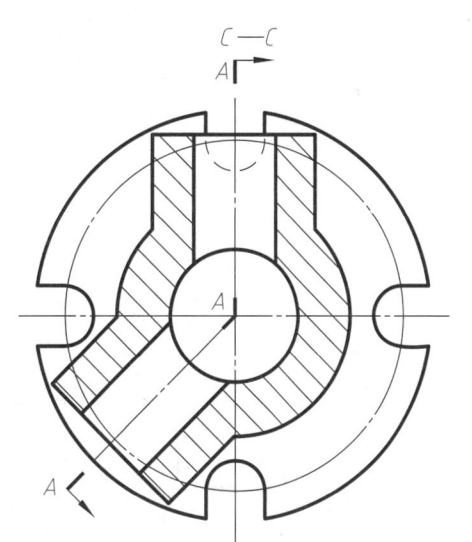

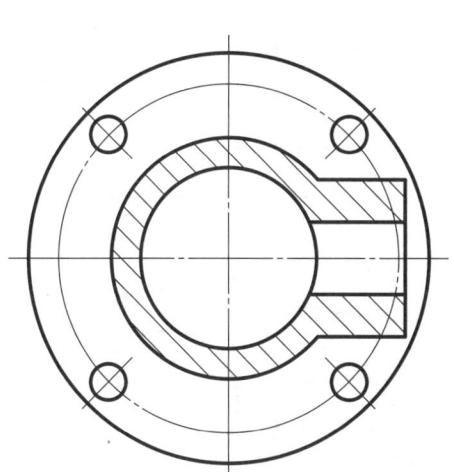

7-10 综合练习（续）

2. 根据给定的视图，在 A3 图纸上画出适当的剖视图（尺寸从图中按 1∶1 的比例量取，并取整数）。

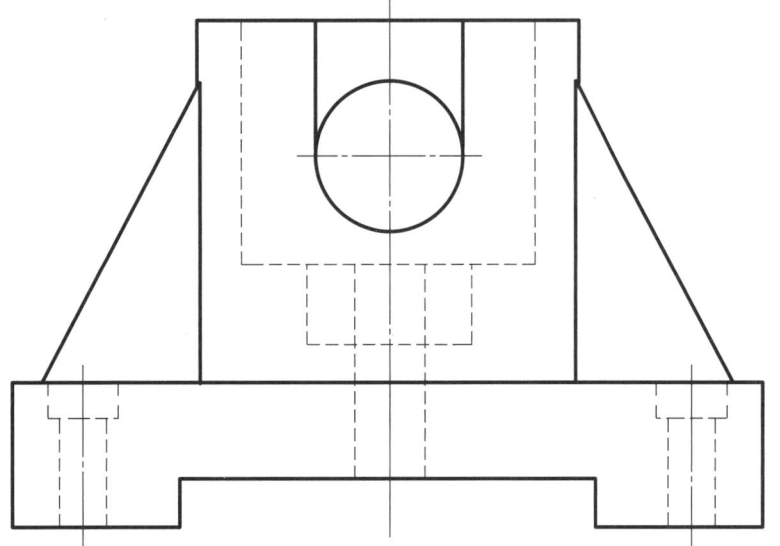
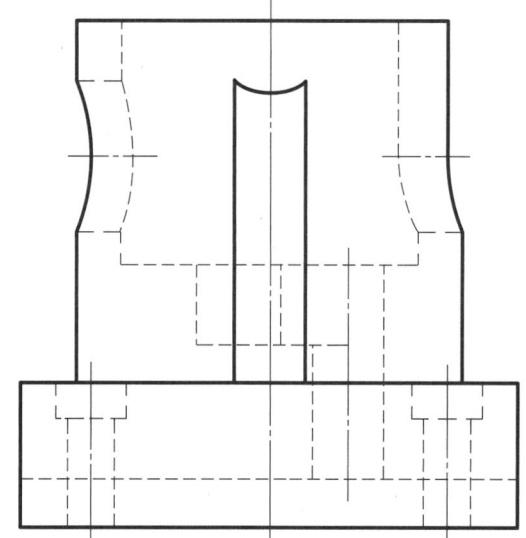
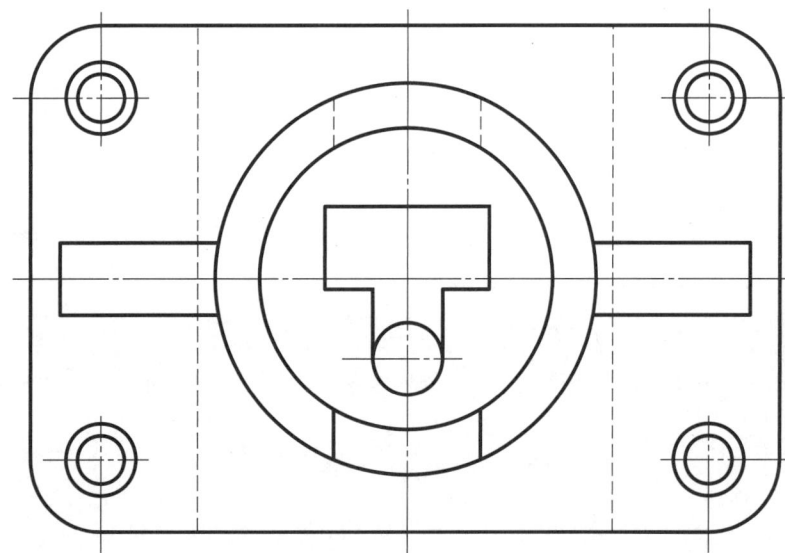

7-10 综合练习（续）

3. 根据给定的视图，在 A3 图纸上画出适当的剖视图（尺寸从图中按 1∶1 的比例量取，并取整数）。

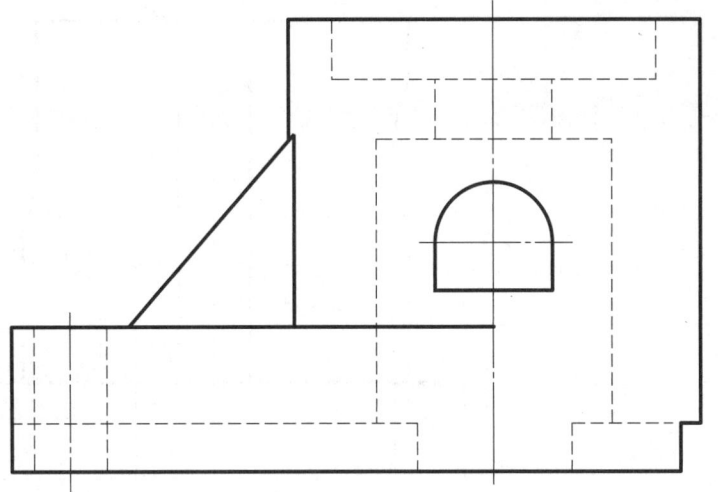
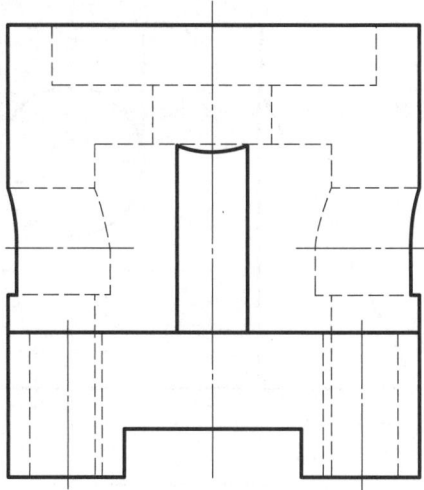
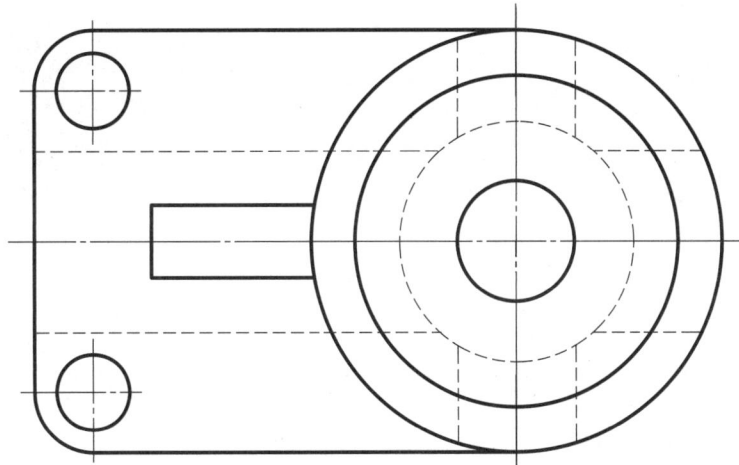

第8章 标准件与常用件简介

8-1 指出图形中的错处,并在指定位置画出正确的图形

1. 外螺纹的画法。

2. 内螺纹的画法。

3. 内、外螺纹结合在一起的画法。

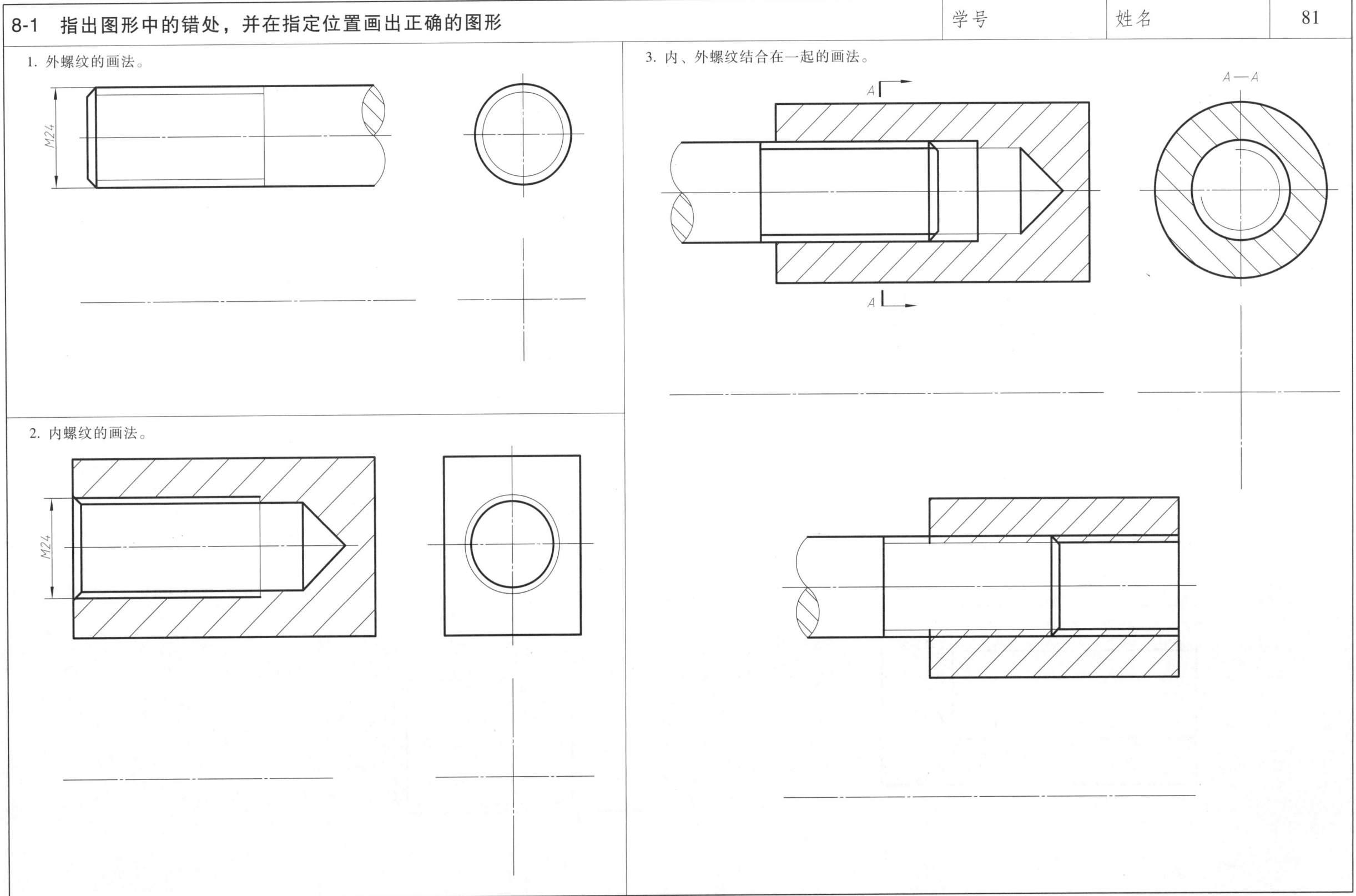

| 8-2 根据螺纹的已知要素进行标注 | 学号　　　姓名　　　82 |

1. 普通螺纹大径 24mm，螺距 3mm，单线左旋，螺纹公差带中径 5g，顶径 6g。

2. 普通螺纹大径 24mm，螺距 2mm，单线右旋，螺纹公差带中径、顶径均为 6H。

3. 55°非密封管螺纹，尺寸代号为 3/4。

4. 梯形螺纹大径 32mm，螺距 6mm，双线左旋。

8-3 螺纹紧固件装配画法

1. 对照左侧螺栓连接图补画视图中缺少的线。

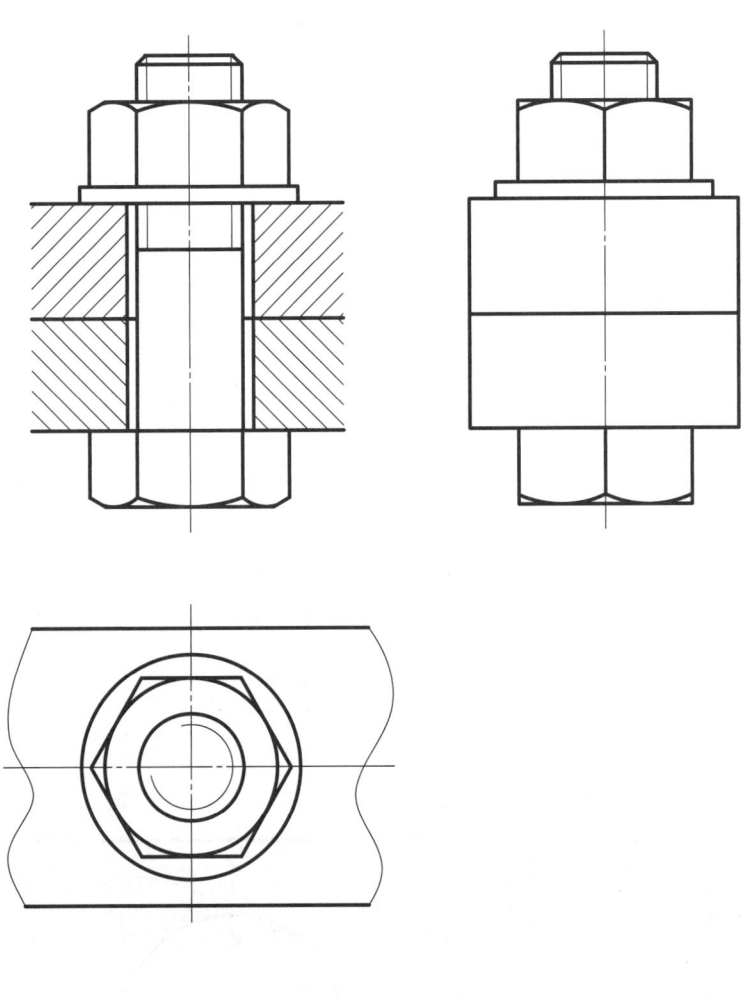

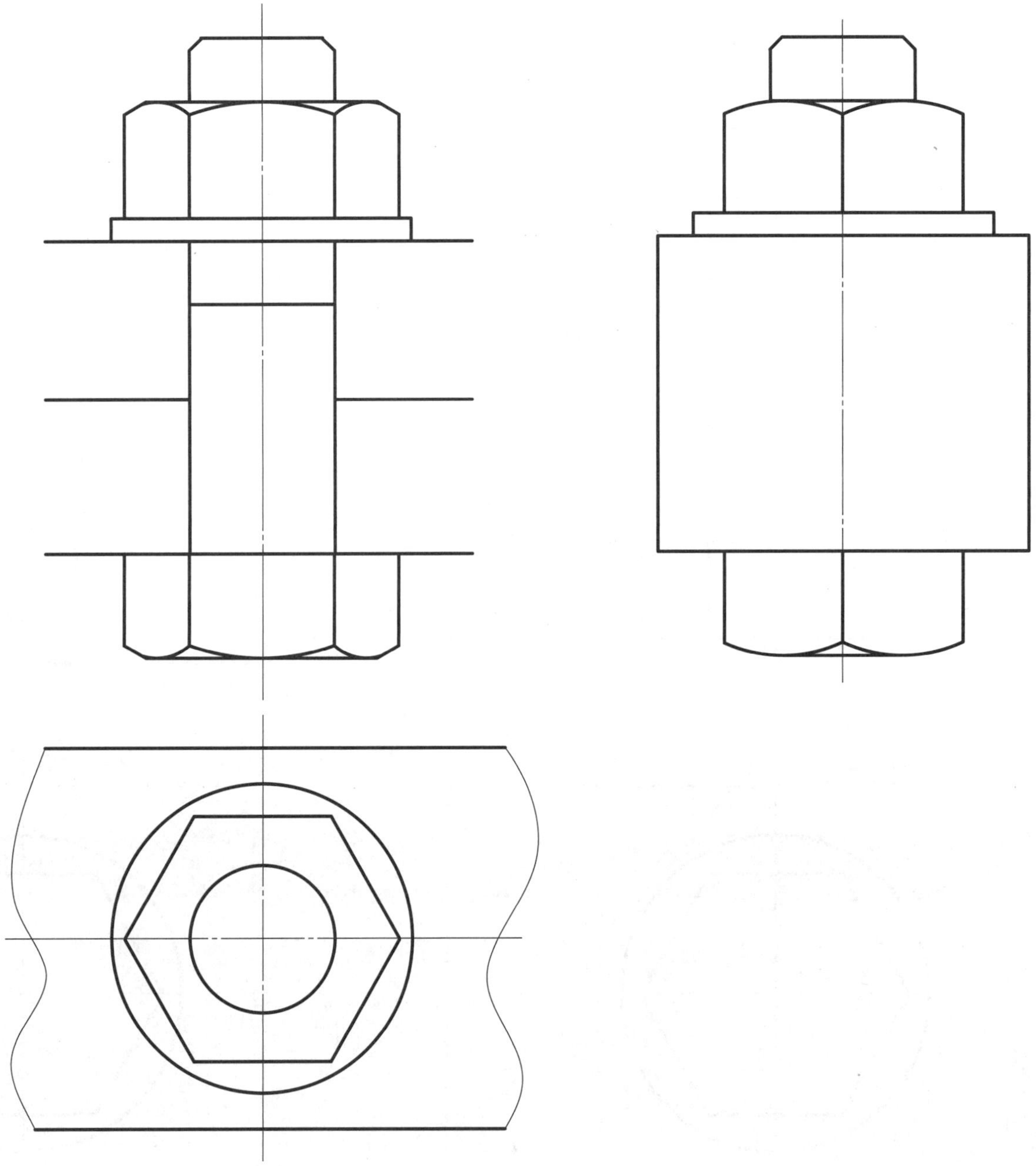

螺栓连接图

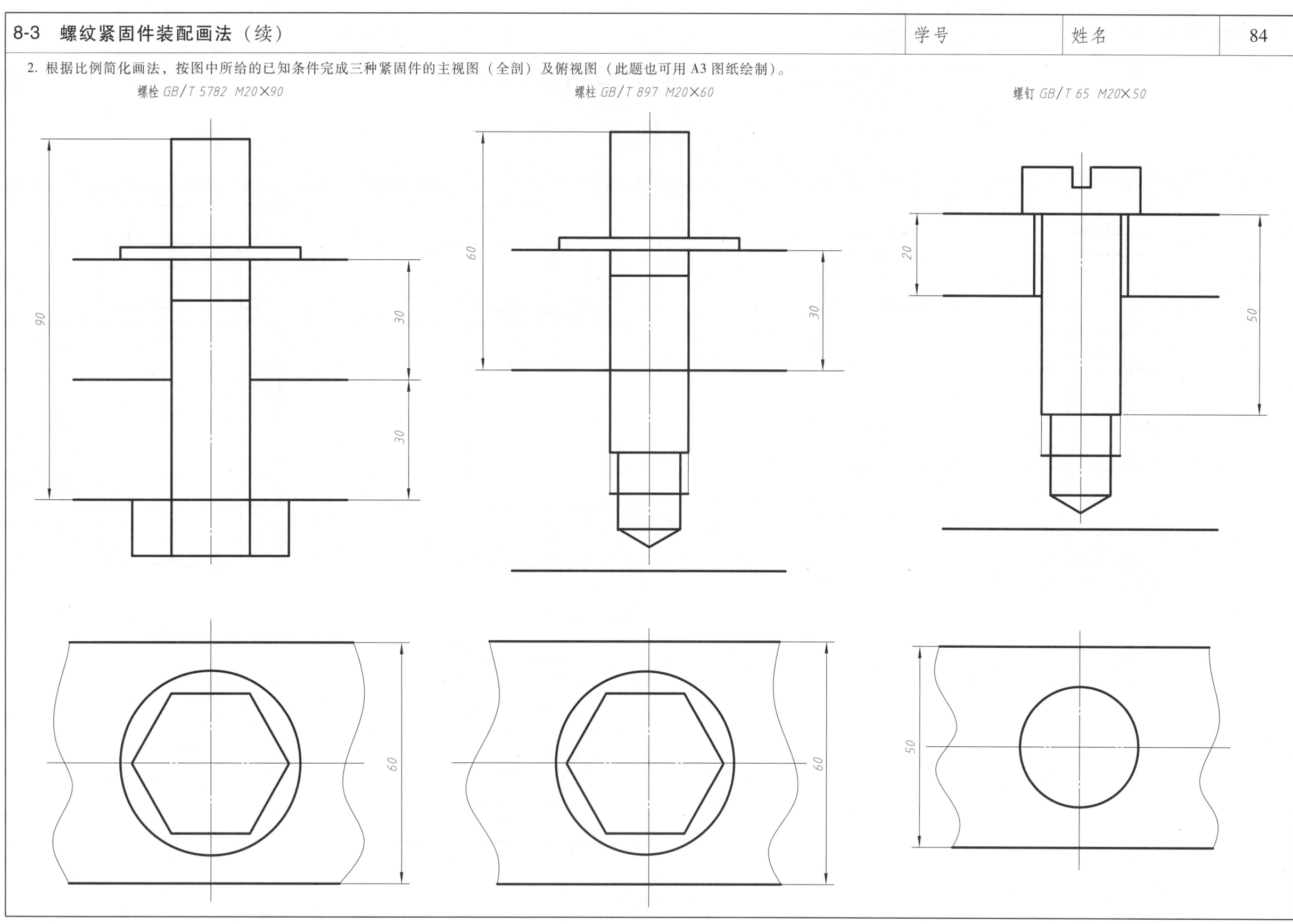

8-4 直齿圆柱齿轮的画法

1. 已知齿轮齿数 $z=18$，模数 $m=8\text{mm}$，试计算齿轮分度圆、齿顶圆、齿根圆直径，并写出计算过程，完成全剖的主视图及左视图的外形图（绘图比例为 1：2）。

2. 完成啮合两齿轮的主视图（全剖）。

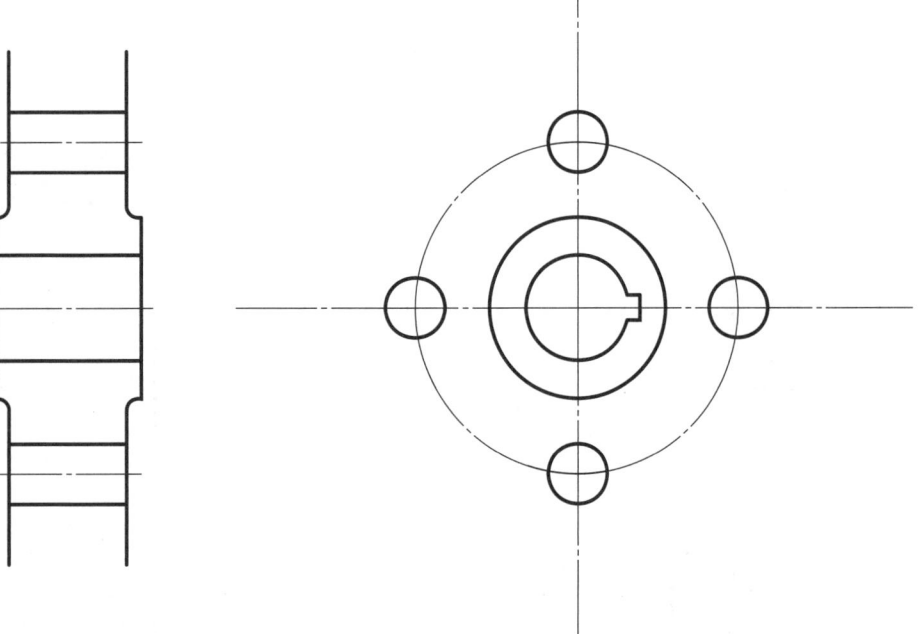
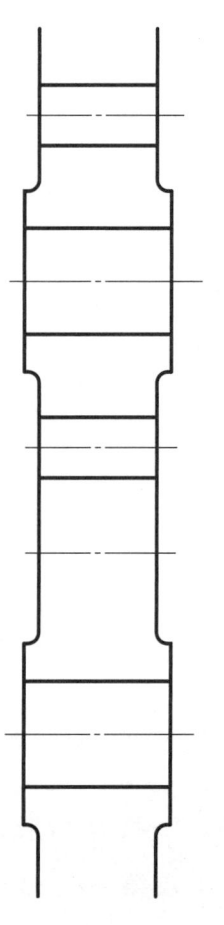
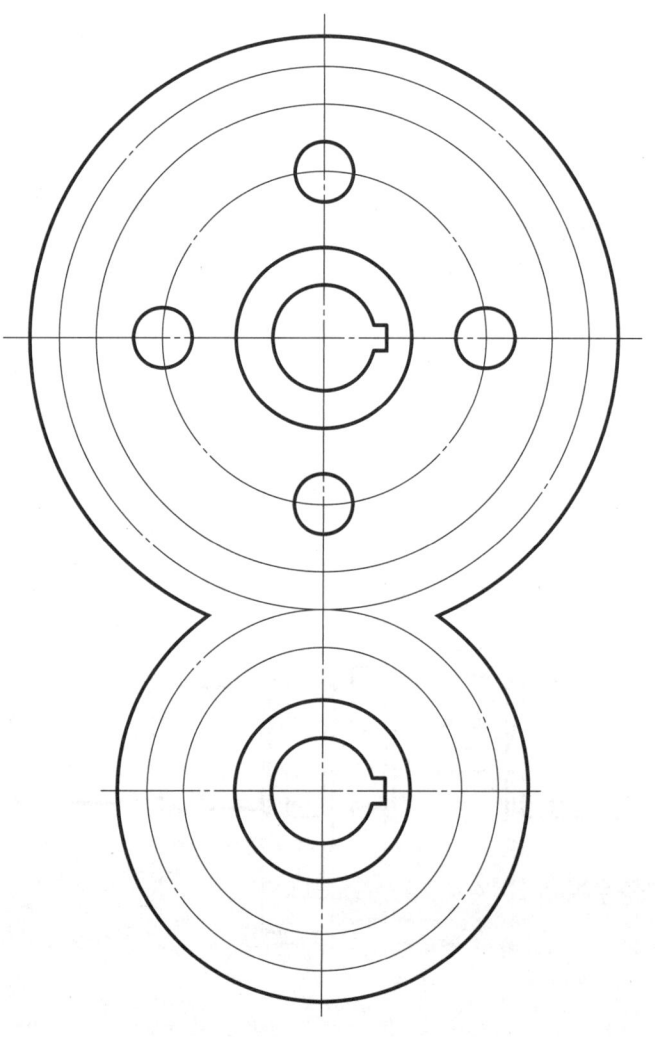

第 9 章 零件图与装配图简介

9-1 计算机绘图（用 1∶1 的比例绘制零件图）

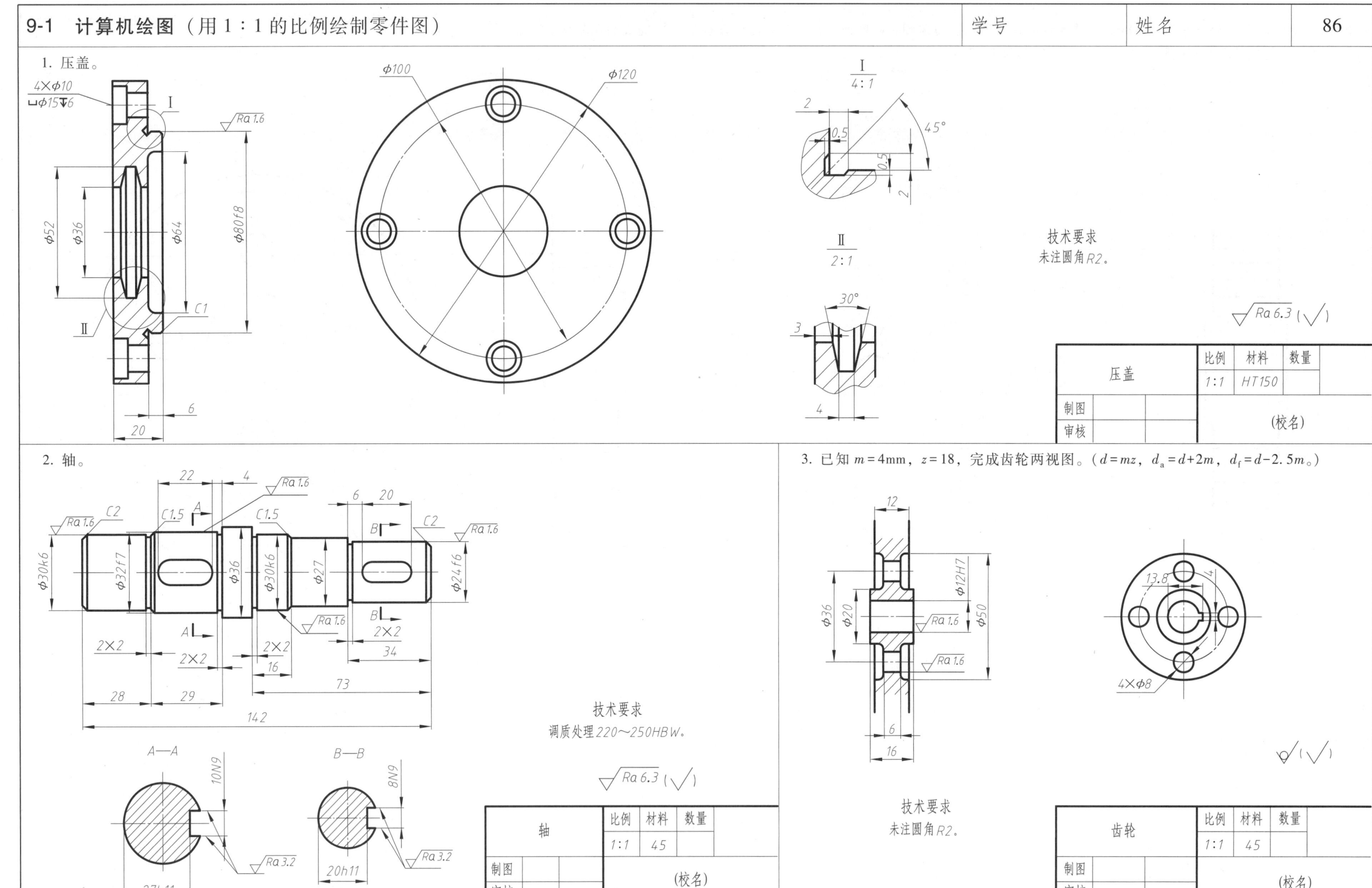

9-2 阅读并补全零件图

1. 画出 B 向视图。

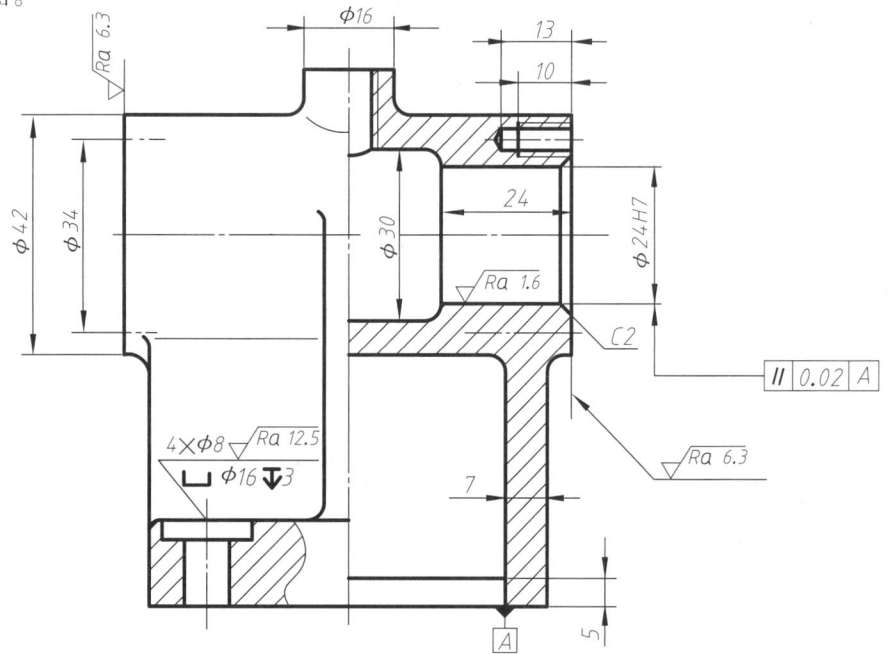

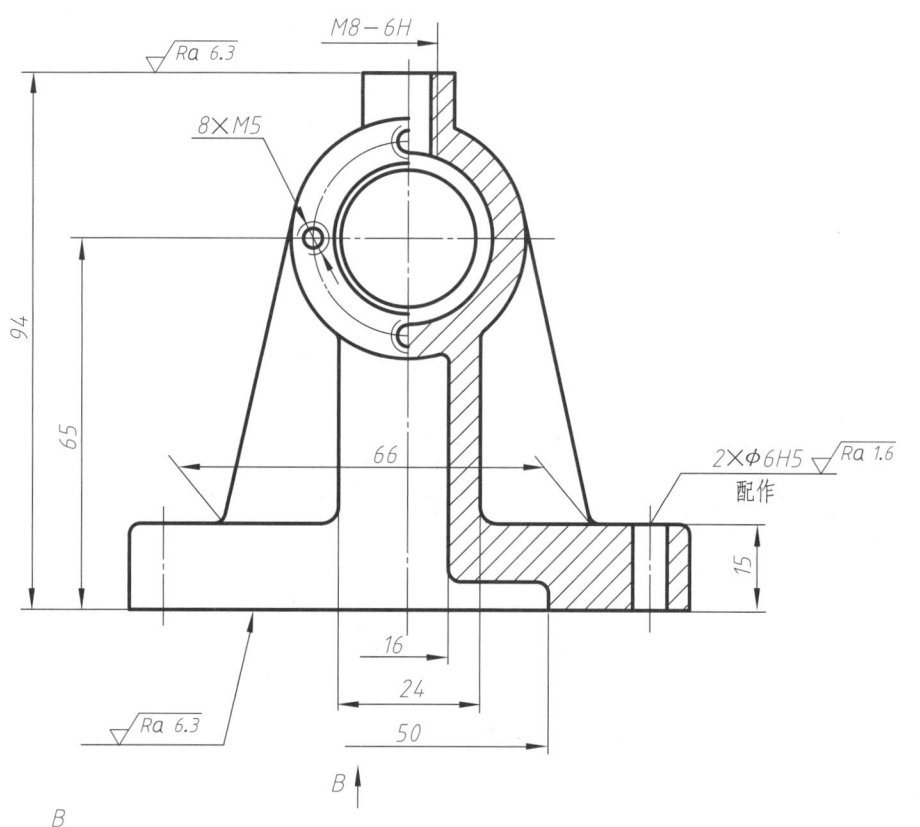

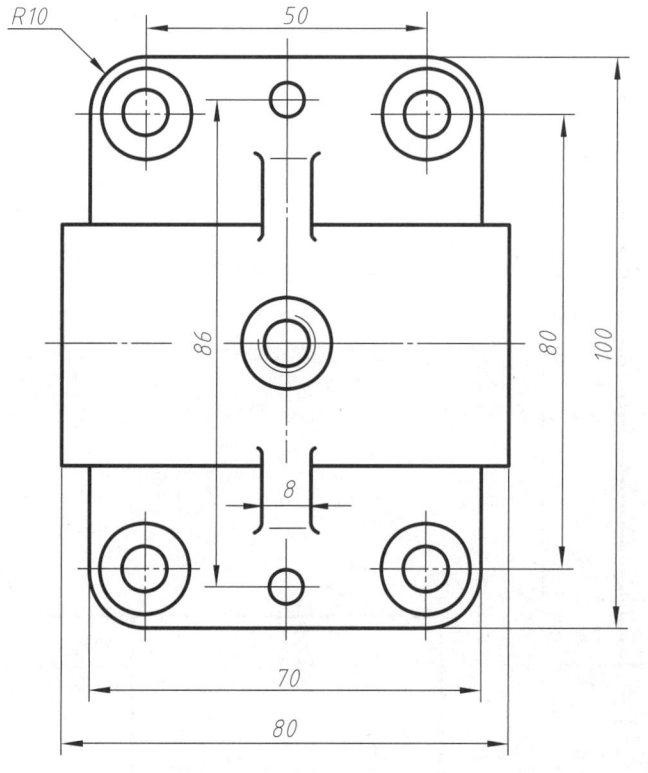

技术要求
1. 铸件不得有气孔、裂纹等缺陷。
2. 未注铸造圆角一律 R3～R5。

座体　1:1　HT150　07-1

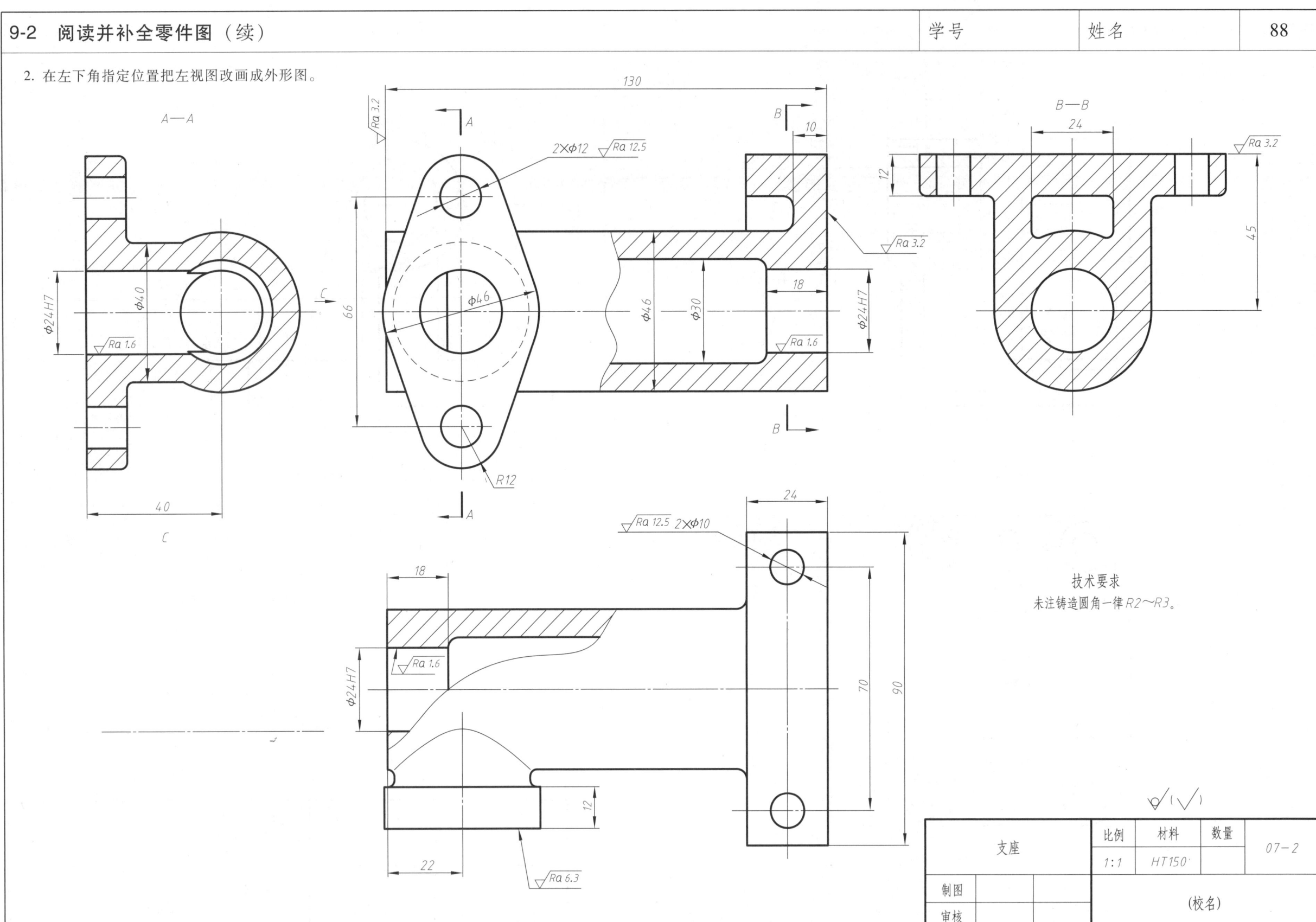

9-3 由零件图绘制装配图

千斤顶工作原理

千斤顶利用螺旋传动来顶起重物，是汽车修理和机械安装等常用的顶压工具，但其顶起的高度有限。工作时，绞杠穿在螺杆顶部的孔中，旋转绞杠，螺杆在螺套中靠螺纹作上下移动，顶垫上的重物靠螺杆的上升而被顶起。螺套镶在底座中并靠螺钉定位，以便在磨损后进行修配。螺杆的顶部与顶垫是球面接触，顶垫靠螺钉与螺杆连接而不固定，以防止顶垫与螺杆一起旋转，且不会脱落。

作业：
1. 仔细阅读给定的千斤顶零件图，并根据工作原理，理解各零件之间的相互关系。
2. 根据零件图绘制出千斤顶的装配图（装配图明细见下表）。

序号	零件名称	数量	材料	备注
1	顶垫	1	Q275	
2	螺钉 M8×12	1		GB/T 75
3	绞杠	1	Q215	
4	螺钉 M10×12	1		GB/T 73
5	螺套	1	Q235	
6	螺杆	1	Q255	
7	底座	1	HT200	

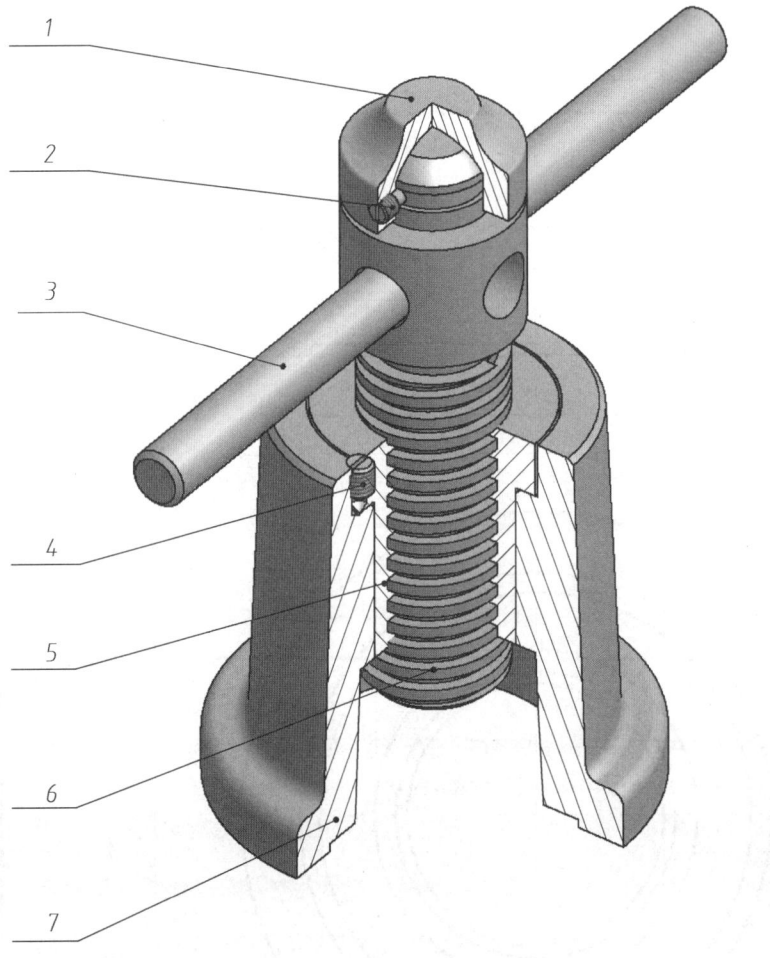

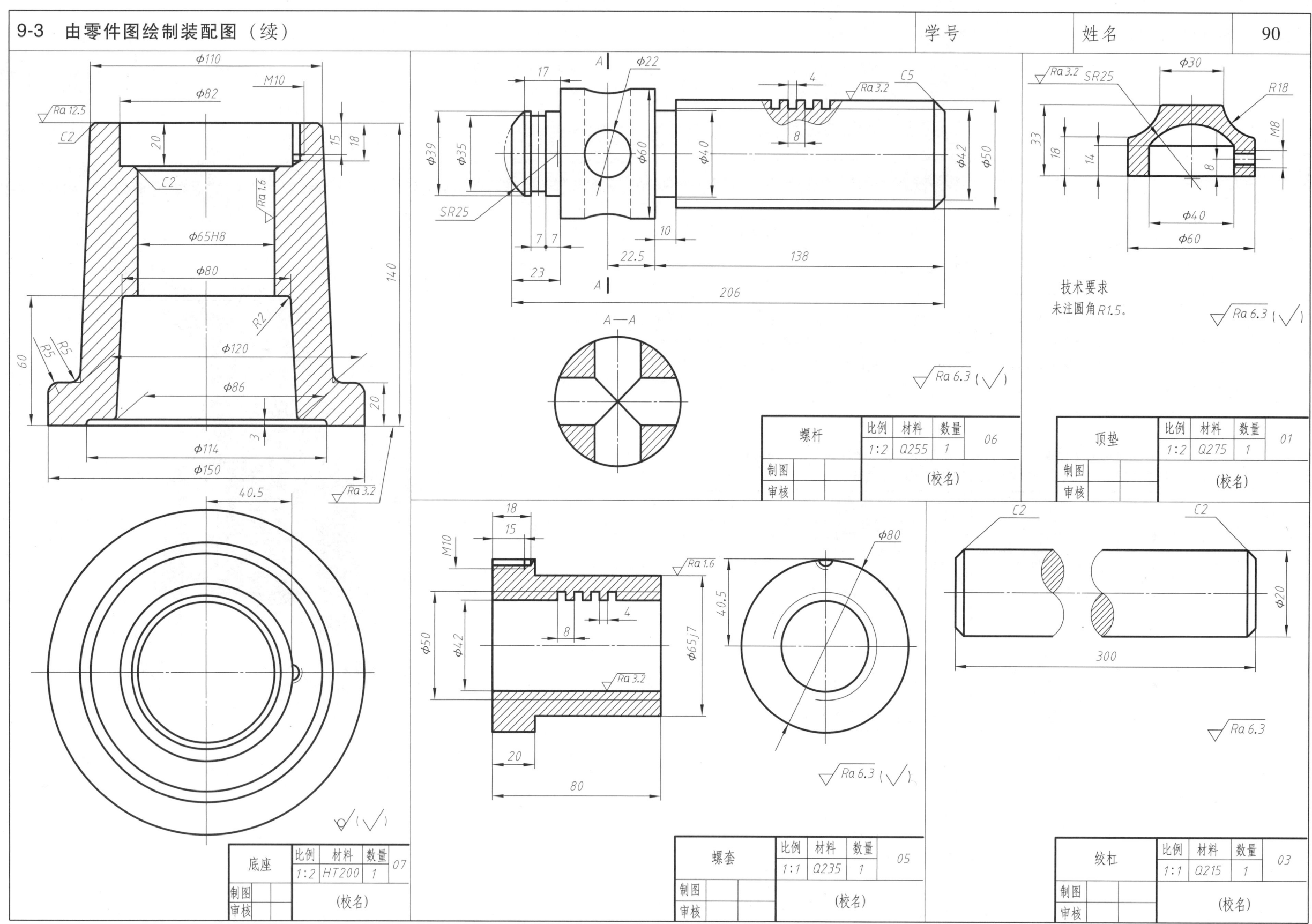

9-4 读装配图

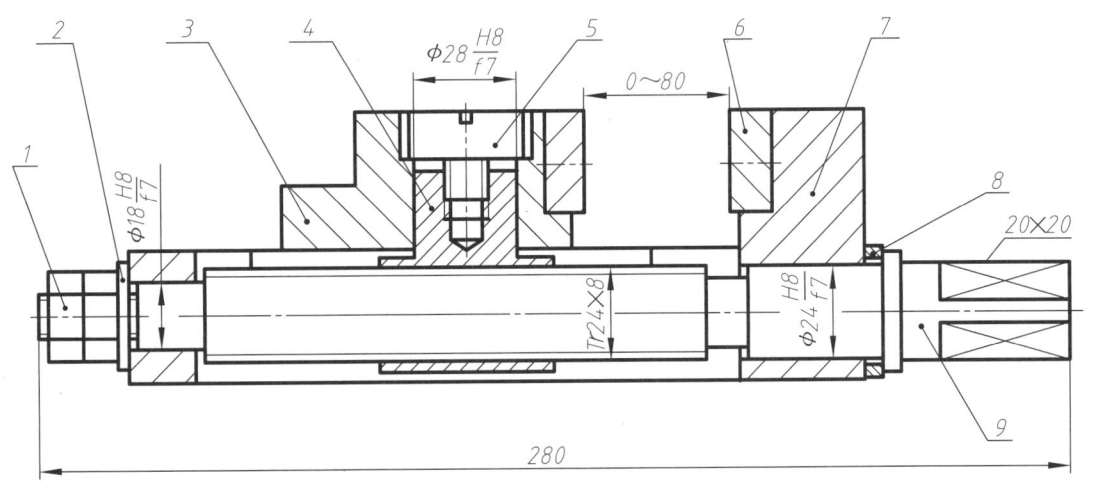

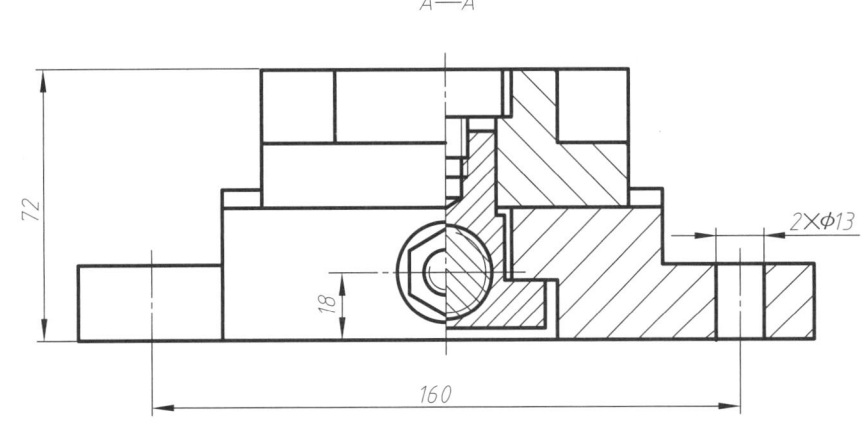

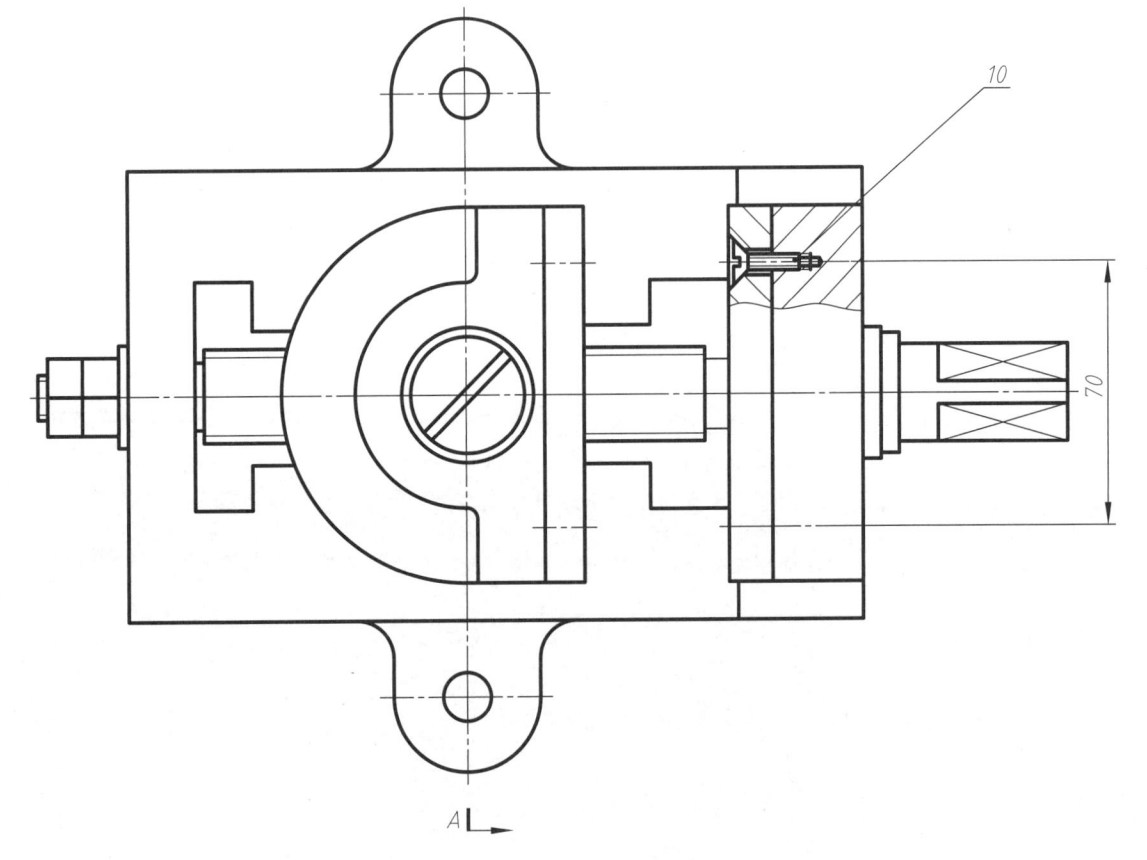

平口钳工作原理

平口钳是用来夹持工件的部件，它主要由固定钳身、活动钳口、钳口板、丝杠和方螺母组成。用扳手转动丝杠 9，可使方螺母 4 作直线移动，方螺母 4 与活动钳口 3 用紧固螺钉 5 连成整体，当丝杠转动时，活动钳口 3 就会沿固定钳身 7 移动，使钳口闭合或开放，以夹紧或松开工件。

作业：

1. 当丝杠 9 作顺时针旋转时（从右向左看），活动钳口向何方向移动？（以主视图为准）
2. 如何拆下方螺母 4？说明拆卸步骤。

10	螺钉M6×12	4	Q235	GB/T 68
9	丝杠	1	45	
8	垫圈	1	Q195	
7	固定钳身	1	HT150	
6	钳口板	2	45	
5	紧固螺钉	1	35	
4	方螺母	1	35	
3	活动钳口	1	HT200	
2	垫圈 12	1	Q235	GB/T 97.1
1	螺母M12	2	Q235	GB/T 6170
序号	零件名称	数量	材料	备注

比例	材料	数量
1:2		

平口钳

制图
审核
（校名）

技术要求

丝杠要运转灵活，无卡死现象。

参 考 文 献

[1] 宋卫卫,杨波. 工程图学及计算机绘图习题集 [M]. 北京:机械工业出版社,2016.
[2] 田凌,许纪旻. 机械制图习题集 [M]. 北京:清华大学出版社,2013.
[3] 姜杉,徐健. 机械工程图学习题集 [M]. 北京:机械工业出版社,2016.
[4] 杨小兰. 机械制图习题集 [M]. 北京:机械工业出版社,2014.
[5] 鲁屏宇. 工程图学习题集 [M]. 北京:机械工业出版社,2018.
[6] 陈家能,李杰. 机械制图习题集 [M]. 北京:机械工业出版社,2014.